做个让人
无法拒绝的女子

BE A WOMAN YOU CAN`T
REFUSE　马宏宇◎著

黑龙江教育出版社

图书在版编目（CIP）数据

做个让人无法拒绝的女子 / 马宏宇著. -- 哈尔滨：
黑龙江教育出版社, 2017.8
　（读美文库）
ISBN 978-7-5316-9588-2

　Ⅰ.①做… Ⅱ.①马… Ⅲ.①女性－成功心理－通俗
读物 Ⅳ.①B848.4-49

中国版本图书馆CIP数据核字（2017）第226066号

做个让人无法拒绝的女子
Zuoge Rangren Wufa Jujue De Nüzi

马宏宇　著

责任编辑	徐永进	
装帧设计	MM末末美书	
责任校对	程　佳	
出版发行	黑龙江教育出版社	
	（哈尔滨市南岗区花园街158号）	
印　刷	保定市西城胶印有限公司	
开　本	880毫米×1230毫米　1/32	
印　张	7	
字　数	140千	
版　次	2018年1月第1版	
印　次	2018年1月第1次印刷	

书　号　ISBN 978-7-5316-9588-2　　　**定　价**　26.80元

黑龙江教育出版社网址：www.hljep.com.cn
如需订购图书，请与我社发行中心联系。联系电话：0451-82533097　82534665
如有印装质量问题，影响阅读，请与我公司联系调换。联系电话：010-64926437
如发现盗版图书，请向我社举报。举报电话：0451-82533087

前言
preface

　　英国作家毛姆曾经说过："世界上没有丑女人，只有一些不懂得如何使自己看起来美丽的女人。"

　　诚然，年轻、貌美的女子令人无法拒绝，但也有些女子并无骄人之貌，却一举一动优雅得体，因其秀外慧中而韵味独特、迷人。时光于她们，反而成为一种点缀。她们有着丰富的内涵，不是一目了然的一幅画，而是耐人寻味的一本书，用来自内心的人生体验，演绎着自身完美的风采。

　　传说中的埃及艳后克丽奥佩特拉是一位"旷世的性感妖妇"，在后人的记述里，这位绝世佳人凭借其倾国倾城的姿色，不但暂时保全了一个王朝，而且使强大的罗马帝国的几任君王纷纷拜倒在其石榴裙下，心甘情愿地为其效劳卖命。

但考古专家却指出，其实克丽奥佩特拉长相一般，她不是靠美色，而是凭卓越的情商、学识和思想征服人心的。她在当时是备受尊崇的大学问家，对哲学、数学、城市规划以至炼金术无一不晓。她精通多种语言，她的第一语言是希腊语，此外她还会说拉丁语、希伯来语、亚拉姆语和埃及语。她甚至还写过好几本关于科学的书。

中世纪的学者们从未提及克丽奥佩特拉多么美丽，他们更习惯将她称作"善良的学者"。

对爱美的女人们来说，时间和年龄是两大天敌。如果一个女人只注重外在美的修炼，而不注重内在美的修养，那么随着年龄增长，红颜易逝，终究抵挡不住岁月遗留下的痕迹，而不会再被众人欣赏。

只有这种女人——既注重外在的美，同时又注重内在的美——即便韶华逝去，也会保持着她自身的魅力，风韵犹存。当然，这种魅力并不是一朝一夕就能形成的，要靠不断地内外兼修才能得来。

女人如花，骨子里却要做一棵树。感性不矫情，理性不刻板，让人无法拒绝。本书从女人对自我的认知、面对问题时的心态、处理情绪的实力、谈吐的魅力、为人处世的分寸、性别美的艺术以及职场、家庭经营之道等方面，提供了全面而具体的方式和方法，流畅的文字与实用的方法相结合，让您在闲暇放松之余，修炼自身、体会进步。

世人常说，男人靠征服世界来征服女人，女人则靠征服男人而征服世界。做一个让人无法拒绝的女子，你就能赢得一切！

目录
contents

Part 1　拒绝你的可能不是别人，而是你自己

　　——女人有自信，大家都挺你

表现自信，让内心强大 / 003

相信自己，别人才能相信你 / 005

与世界和谐相处的前提 / 008

欣赏自己独一无二的美 / 010

肯定自己，生活就会对你微笑 / 012

认识到自己的潜能和优势 / 014

不盲从，做有主见的女人 / 015

做最好的自己 / 018

Part 2 不想被拒绝，首先要克服怕被拒绝的心理

——心态好，逆风也敢飞

越怕出丑，越容易出丑 / 023

积极争取，不做生活中的旁观者 / 025

女人心态好，运气就好 / 028

你也可以是"幸运女神" / 030

坏事或好事，就看你怎么想 / 031

面对挫折，不要轻言放弃 / 033

有些拒绝，是为了更好地成长 / 035

别为打翻的牛奶哭泣 / 037

Part 3 情商低，最容易被人拒绝的原因

——80%的女人都缺乏的软实力

小心让你失控的坏情绪 / 043

开动脑筋，解决情绪包袱 / 045

别让"坏想法"小鸟在头上搭窝 / 048

嫉妒毁掉你，更毁掉一切 / 050

制造什么，也不能制造郁闷 / 051

快乐的女人永远最受欢迎 / 054

心情感觉压抑时，应该怎么办 / 055

对付坏心情的非药物性疗法 / 058

Part 4　女人把话说好，就成功了一大半

——妙语连珠，让人无法拒绝

让说话为你的魅力加分 / 063

女人要懂基本的谈吐礼仪 / 066

学会把握说话的时机 / 068

看准对象，把话说到心坎上 / 070

赞美是照在心上的一缕阳光 / 072

努力做到嘴下有卡脚下有路 / 076

恰当的自嘲，风趣地化解尴尬 / 080

女人要会说，也要会听 / 083

Part 5　学点为人处世的艺术，积攒好人品

——广结善缘，大家心甘情愿来帮你

亮出你自己，初次见面就讨人喜欢 / 089

社交有方，交心为上 / 091

真诚地对待生活中的每一个人 / 093

设身处地为他人着想 / 096

抛弃狭隘与偏见，平等与人相处 / 098

人情是最经济的投资 / 100

凭借良好的人脉塑造新的自我 / 103

悦人悦己，坚持双赢 / 107

Part 6　女人要有女人味，会撒娇魅力飘

　　——迷死人不偿命的性别魅力

风格往往比美丽更重要 / 113

天生丽质，难敌化妆"三件宝" / 114

服饰透露出来的秘密 / 116

控制体重，女人毕生要做的事 / 118

几多青丝，几多柔情蜜意 / 120

女人要会制造和保持神秘感 / 122

别忘了自己是女人 / 124

让你魅力四射的七个秘诀 / 126

Part 7　玩转职场，不惧怕成为"女强人"

　　——让同事无法拒绝你的职业素养

奋斗，是对自己的忠诚 / 131

发现自己真正的价值 / 134

商品社会，人脉就是财脉 / 136

抓住机会，该出手时就出手 / 139

胜任者解决问题，平庸者逃避问题 / 143

面对问题，你真的努力了吗 / 146

事情的难度决定人生的高度 / 147

每一个细节都是100% / 150

Part 8　美女心计，踏准领导的节奏起舞

　　——让领导无法拒绝你的升迁实力

对领导尊重有加 / 157

要善于和领导沟通 / 160

用体贴软化领导的心 / 163

委婉地向领导提建议 / 165

甘心做领导的绿叶 / 169

让自己变得不可或缺 / 171

打造自己的行业品牌力 / 175

主动晋升而不是等待提拔 / 180

Part 9　用心经营，嫁给谁都能很幸福

　　——让老公无法拒绝你的婚恋修为

成功男人背后一定有个好女人 / 185

婚姻最需要爱和包容 / 187

温柔是女人最重要的美德 / 191

培养双方共同的兴趣 / 194

给彼此一个独立的空间 / 196

好女人不要把唠叨、抱怨挂嘴上 / 199

聪明的妻子除了会说还要会倾听 / 201

妻子的鼓励是男人前进的动力 / 205

后记 / 209

Part 1

拒绝你的可能不是别人，而是你自己

——女人有自信，大家都挺你

多一分自信，就多一分笃定。每个女人都是独一无二的个体，地球上的几十亿人中，也许可以勉强找到与你类似的人，却绝对找不到与你相同的人，你的容貌、性格独一无二。让女人可以潇洒自信地做自己，这也许是上帝的初衷。

表现自信，让内心强大

　　西蒙娜·德·波伏娃在《第二性——女人》中，阐述了名为"女人"的定义：人并不是生来就是女人，而是逐步变成了一个女人的……正是社会化的整个过程产生了这种东西……我们称之为女性气质。

　　母系氏族社会的时代早已不复存在，女人长期在父系氏族社会中生存、发展，并且以三从四德、三纲五常为基准。纷繁的规范约束着女人的言行举止，同化着女人，改造着女人。

　　久而久之，女人习惯了言听计从，习惯了以别人的标准来要求自己，习惯了盲目从众和自信的日渐淡薄。

　　女人惧怕许多事情，比如来自他人的批评和否定，比如被心爱的人抛弃，比如不可抑制的衰老，比如在与别人的比较中落了下风……

　　一切都是不自信惹的祸。

　　林徽因是得到了上天恩赐的女人，她的美和才华，有目共睹，人们甘愿被她的光芒遮掩，只为聆听她的颂歌。

她知道自己的美，也懂得优雅地展示出来。

据说，20世纪30年代初期，在北京香山养病期间，她一卷书，一炷香，一袭白色睡袍，沐浴着溶溶月色，很小资、很自恋地对梁思成感慨：看到她这个样子，"任何一个男人进来都会晕倒"。

憨厚的丈夫却说："我就没有晕倒。"嘴上说着没有晕倒的丈夫，心中怕是早已陶醉了吧。

世间的女人，又有几人能有这份自信？女人因为自信才会集千种风情、万种浪漫于一身，那是从骨子里散发出来的魅力。

在林徽因家客厅的沙龙里，她一直都是当仁不让的主角，即使生了重病，也会躺在沙发上跟客人们大谈诗歌与哲学。曾经的沙龙常客之一萧乾回忆说："她说起话来，别人几乎插不上嘴。别说沈先生（沈从文）和我，就连梁思成和金岳霖也只是坐在沙发上吧嗒着烟斗，连连点头称是。徽因的健谈绝不是结了婚的妇女那种闲言碎语，而常是有学识、有见地、犀利敏捷的批评。我后来心里常想：倘若这位述而不作的小姐能够像18世纪英国的约翰逊博士那样，身边也有一位博斯韦尔，把她那些充满机智、饶有风趣的话一一记载下来，那该是多么精彩的一部书啊！"

林徽因不忌讳展现自己的优秀，也不会因为别人赞美自己而觉得难为情。她相信自己值得被赞扬，她敢于突破过分的谦虚而张扬个性。

费正清晚年回忆林徽因时就曾说："她是具有创造才华的作家、诗人，是一个具有丰富的审美能力和广博智力活动兴趣的妇女，而且她交际起来又洋溢着迷人的魅力。在这个家，或者她所在的任何场合，所有在场的人总是全都围绕着她转。"

人群中，女人应该大方而自信地展现自己。聚会时，工作时，都该畅所欲言，积极地表达自己的想法。闭口不言的人，看似沉稳，实则有些木讷。

自信是内心强大的支点，不要拿捏自己的形状，去迎合别人的口味。在别人指责自己时，坚定自己的立场。

一抹自信的微笑，胜过任何昂贵的装饰品。

一颗强大的内心，让女人无所畏惧。

相信自己，别人才能相信你

奥黛丽·赫本是20世纪最受世人喜爱与争相模仿的女性之一。在她成为电影演员的时候，好莱坞就已经有了一个名为"凯瑟琳·赫本"的超级女星。当时，导演曾劝奥黛丽·赫本改名字，以免别人会将她与凯瑟琳·赫本进行对比。此外，一个小小的好莱坞有两个赫本也并不是一件好事，而且凯瑟琳·赫本当时已经是著名的演员了，这对奥黛丽·赫本很不利。可是，奥黛丽·赫本却充满自信地对导演说道：

"不，我一定要用真实的名字。"

"那是为什么？"

"因为我就是奥黛丽·赫本。"

奥黛丽·赫本是一个自信而有魅力的女人。她能够得到众多观众的喜爱，主要是因为她对自己的热爱。奥黛丽·赫本鼓励女性发掘与强调自己的优点，不仅改变了女性的穿着方式，也改变了女性对自我的看法。她刚出道的时候正是性感女星得到热烈追捧的时候，可是她却以激进的姿态和绝对的勇气，改变了世人眼中公认的美女定义，以特立独行的瘦削身材和短发树立了自己的独特形象。

奥黛丽·赫本的经历告诉我们，只有懂得爱自己的人才能得到别人的爱——你越是爱自己、爱身边的人，你的改变也就越大、越惊人，同时也会越来越得到别人的爱。

自爱多少有那么一点是从自恋开始的，对自己的眷顾和迷恋就是一种自信，就是一种无须任何情感支撑与依附的幸福。试想，如果连自己都不爱自己的话，又怎能得到别人的爱呢？

在众人眼里，米兰达是一个美丽又成功的女人。可是，她总是对自己感到不满，不是抱怨皮肤太过白皙，就是觉得鼻梁太过挺直，还觉得自己的额头太宽了。甚至仅仅因为身边的朋友有着纤细的双腿，她就觉得自己的双腿太胖了，从而连裙子都没有穿过。此外，她还总抱怨现在的男友比不上前男友，经常因为不能将喜欢的名牌全部买下而怨恨目前的处境。长此以往，她总是将"世界上没有比我更倒霉的人了""她真漂亮，她肯定很幸福"的话挂在嘴边，心情总是处于低谷。起初，她的朋友们试图说服她，让她改变这种认知，却纷纷以失败告终。最后，她的朋友们都一个个地离开了她。

其实，米兰达这种事事不如人的悲惨感觉并不是别人强加给她的，而是她自己强加给自己的。像她这样的女人有如此状态，就是因为不够自信，不够爱自己，没有发现自己的闪光点。

如果你自己都不自信，不珍爱自己，又能有谁去珍爱你呢？一个不自信，不知道珍爱自己的女人，一个不懂得从细微处照顾自己的女人，就不会随时随地流露出那份美丽与优雅。所以，相信自己，对自己好一点，从爱惜自己的名誉，爱惜自己的身体开始，再一点点地具体到每一种情绪、每一个神态，这才是一个充满魅力的女人应有的生活态度。也只有这样，生活才会变得越来越有期待，越来越令人满足。于是，你最终会发现，一直想要追求的精致生活其实就是一种姿态，一种于细微处总有那么一点点自爱的情结，而我们生活的高品质就体现在这种细微之处中。

与世界和谐相处的前提

与世界和谐相处的前提，是与自己和谐相处；让人无法拒绝的前提，是让自己无法拒绝。

女人要想活得健康、成熟，"喜欢自己"是必要条件之一。这不是"充满私欲"的自我满足，而是意味着"自我接受"。一种清醒的、实际的自我接受，并伴以自重和人性的尊严。

成熟的女人不会一味比较自己和别人不同的地方。她有时可能会批评自己的表现，或觉察到自己的过错。但她知道自己的目标和动机是对的，她仍愿意继续克服自己的弱点，而不是自悔自叹。

成熟的女人会适度地忍耐自己，正如她适度地忍耐别人一样。她不会因自己的一些弱点而感到活得很痛苦。

喜欢自己，是否会像喜欢别人一样重要呢？我们可以这么说：憎恨每件事或每个人的人，只显示出她们的沮丧和自我厌恶。

哥伦比亚大学教育学院的亚瑟·贾西教授，坚信教育应该帮助孩童及成人了解自己，并且培养出健康的自我接受态度。他在其著作《面对自我的教师》中指出：教师的生活和工作充满了辛劳、满足、希望和心痛。因此，"自我接受"对每名教师来说，是同等重要的。

　　如今，全美国医院里的病床，有半数以上是被情绪或精神出了问题的人所占据。据报道，这些病人都不喜欢自己，都不能与自己和谐地相处下去。

　　夸大自身错误的程度和范围是讨厌自己的人经常做的事情之一。适当的自我批评是好事，有利于一个人的成长。但是演变为一种强迫性的观念时，就会使我们意志瘫痪，不能聚集力量做积极正面的事。

　　有位女士说："我总是感到胆怯和自卑。别人好像都很沉着、自信。我一想到自己的缺点就感到泄气，于是就无法自如地说话了。"

　　其实，每个人都有自己的缺点，但问题的关键不在于你的缺点，而在于你有多少优点。

　　决定一件艺术品和一个人的最终因素不是缺点。莎士比亚的作品中有不少历史和地理的基本常识性错误，狄更斯则尽力在小说中渲染伤感的气氛。但是谁计较呢？缺点并不妨碍他们成为一流的文学大师，因为优点才是最终的决定因素。我们在交朋友的时候也会感到对方缺点的存在，但是我们喜欢和他们交往是因为我们喜欢他们身上的优点。

　　自我完善的实现依赖于对优点的发挥，取长补短，而不是整天在意自己的缺点。

　　对以前和当前错误的过分计较会使一个人的罪恶感和自卑

感快速滋长。不用很久，我们就不再尊重自己，习惯性地对自己痛打五十大板。所以，我们一定要让以前的事情沉到水底，然后游到水面上来重新呼吸新鲜的空气。

欣赏自己独一无二的美

美国励志大师戴尔·卡耐基分享过一封来自北卡罗来纳州的信，寄信人是伊笛丝·阿雷德太太，她在信中写道：

我从小就特别敏感而腼腆，我的身体一直太胖，而我的一张脸使我看起来比实际还胖得多。我有一个很古板的母亲，她认为把衣服弄得漂亮是一件很愚蠢的事情。她总是对我说："宽衣好穿，窄衣易破。"而她总照这句话来帮我穿衣服。所以我从来不和其他的孩子一起做室外活动，甚至不上体育课。我非常害羞，觉得我跟其他的人都'不一样'，完全不讨人喜欢。

长大之后，我嫁给一个比我大好几岁的男人，可是我并没有改变。我丈夫一家人都很好，也充满了自信。他们就是我应该是而不是的那种人。我尽最大的努力要像他们一样，可是我做不到。他们为了使我开朗而做的每一件事情，都只令我更往我的壳里退缩。我变得紧张不安，躲开了所有的朋友，情形坏到我甚至怕听到门铃响。我知道我是一个失败者，又怕我的丈夫发现这一点。所以每次我们出现在公共场合的时候，我假装很开心，结果常常做得太过分。我知道我做得太过分，事后我会为这个难过好几天。最后不开心到使我觉得再活下去也没有什么意义了，我开始想自杀。

是什么改变了这个不快乐的女人的生活呢？只是一句随口说出的话。

随口说的一句话，改变了我的整个生活。有一天，我的婆婆正在谈她怎么教养她的几个孩子，她说："不管事情怎么样，我总会要求他们保持本色。""……保持本色……"就是这句话！在一刹那，我才发现我之所以那么苦恼，就是因为我一直在试着让自己适合于一个并不适合我的模式。

在一夜之间我整个改变了。我开始保持本色。我试着研究我自己的个性、自己的优点，尽我所能去学色彩和服饰知识，尽量以适合我的方式去穿衣服，主动地去交朋友。我参加了一个社团组织——起先是一个很小的社团——他们让我参加活动，把我吓坏了。可是我每发言一次，就增加一点勇气。今天我所有的快乐，是我从来没有想过可能得到的。在教养我自己的孩子时，我也总是把我从痛苦的经验中所学到的结果教给他们：不管事情怎么样，总要保持本色。

没有什么比违背本色更痛苦了。不愿意保持本色，是导致很多精神和心理问题的潜在原因。

肯定自己，生活就会对你微笑

如果我们相信自己，相信自己的思考能力和判断能力，我们就会愿意对他人敞开心扉。反之，如果我们深深怀疑自身价值，不相信自己所具有的认识能力、判断能力，那么我们的内心自然就会缺乏安全感。这样的心理往往会导致行为结果上的挫折与失败。

假设有一个女人，她认为一个男人不可能会喜欢她，而会选择其他女人，她的自我观念不能接纳这样的可能性存在。同时，作为一个人，她又渴望着爱情。当她找到了爱情，她又做了些什么呢？

她可能会不适宜地将自己与其他女人相比。她可能会做出一些荒谬、可笑的蠢事，表现出矫揉造作的优越感，以此来否定内心的不安全感。她可能总是对另一半说起那些有魅力的女人，而内心则充满了忧虑和猜疑。她可能会带着怀疑、猜妒去折磨另一半。她甚至可能鼓励另一半有外遇，其结果是她的爱人和另一个女人相爱了。

显然，她的内心遭受了剧烈的创伤，她感到凄凉、孤独。这种情况从某种意义上讲可能对她又是有益的，自己酿成的苦酒也许会改变以往她对爱情的种种看法。

在现实生活中，每一个人都希望能够完全掌控自己的生活，这几乎是不理智的。特别是当我们还未意识到自己正被内心的自我诋毁、自我破坏的心理活动操纵时，这种不理智的希望可能会导致不理智的行为结果。

控制生活仅仅意味着实事求是地了解现实，根据我们的实际生活情况，对我们的行为结果做出合乎情理的准确判断。生活悲剧的发生往往是由于错误地理解"控制生活"。因为我们企图让现实来适应我们的信念，而不是调整信念去适应现实。当我们盲目地坚持这种信念，缺乏理性地去处理那些取舍都具可能性的事务时，悲剧就会发生。当我们宁愿坚持自己所谓的"正确认识"而放弃幸福时，当我们宁愿维护我们能够"控制生活"的错觉而不曾注意到现实情况正与我们的认识相违背时，悲剧就会发生。

如果我们不曾了解自己，无意地否定了自我，却又不知道正是自己毁灭着自己时，我们就将会成为生活悲剧的主角。

只有当我们意识到自身出现自我毁灭的倾向时，才可能设法改变我们的行为。只有当我们了解自我，我们才会根据了解的现象去行动，才会有维护自我的行为倾向。

只有肯定自己，生活才会对我们微笑。否定自我的结果，就是给生活带来灾难。

认识到自己的潜能和优势

如果一家世界著名的飞机制造公司雇用一位盲人来设计飞机发动机，你会认为这简直是荒诞离奇，但这是真实的事情。

22岁的英籍华人谢云霞，从儿时起眼睛就几乎失明了，但她竟是罗尔斯－罗伊斯公司的一位工程师。她每天坐在计算机终端旁，手握光标定位器，注视着电脑屏幕上呈现的放大了的文字。她的脸几乎要贴到屏幕上，因为她的视力极其微弱，而且主要集中在右眼上。她身边放着一些必不可少的辅助设备，能把发动机在各种不同飞行条件下的温度、湿度和压力等数据放大。她能准确无误地掌握这一切，了解技术发展的最新情况，几乎没有什么事情能妨碍这位瘦小、腼腆而又思维敏捷、才华出众的盲人姑娘成为工作出色、一丝不苟的优秀工程师。她因其卓越的成绩而荣获威尔士亲王查尔斯颁发的特别奖。

人人都有巨大的潜能，人人都能走向成功。只要你抬起头来，新的生活就在前方！

一个女人一旦认识到自己的潜能和优势，就不会总是羡慕别人，总是感到自己不如别人。因而我们可以把不再羡慕别人看作是重新认识自我和依靠自己奋斗的一个标志。

一个女人在自己的生活经历中，在自己所处的社会环境中，如何认识自我，如何描绘自我形象，也就是你认为自己是个什么样的人，你期望自己成为什么样的人，是一个至关重要的人生课题，将在很大程度上决定自己的命运。成功心理学的核心观点就是人人都有巨大的潜能，人人都可以取得成功！

人可能渺小，也可能伟大，这取决于你对自己的认识和评价，取决于你的心态如何，取决于你能否靠自己去奋斗。说到底，还是取决于你如何看待自己，是自信，还是自卑。

不盲从，做有主见的女人

女人要有一种保持本色的个性气质，有主见，不盲从，敢于挑战权威。

蜚声世界影坛的意大利著名电影明星索菲亚·罗兰能够成为令世人瞩目的超级影星，和她有主见的个性是分不开的。

在《卡桑德拉大桥》《昨天、今天和明天》等影片中，索菲亚·罗兰以其独特的魅力给观众留下深刻鲜明的印象。她的长鼻子、大眼睛、大嘴、丰满的胸部和臀部都使她多了一份不可抗拒的美。

可是，你知道吗？索菲亚·罗兰在初试镜头的时候，差点儿因为她的长鼻子和丰腴的臀部而没能走上影坛。摄影师们都嫌她的鼻子太长、臀部太发达，建议她动手术缩短鼻子、削减臀部，可是索菲亚·罗兰坚决不同意。

索菲亚·罗兰在她的自述中详细地记叙了当时的情景：

有一天，他（卡洛）叫我去他的办公室。我们刚刚进行完第三次或第四次试镜头，我记不清了。他以试探性的口吻对我说："我刚才同所有摄影师们开了个会，他们提出的问题都一样，是关于你的鼻子的。"

"我的鼻子怎么了？"尽管我知道将发生什么事，但我还是问道。

"嗯，咳，如果你要在电影界做一番事业，你也许该考虑做一些变动。"

"你的意思是要动动我的鼻子？"

"对。还有，也许你得把臀部削减一点。你看，我只是提出所有摄影师们的意见。这鼻子不会有多大问题，只要缩短一点，摄影师就能够拍它了，你明白吗？"

我当然懂得因为我的外形跟已经成名的那些女演员们颇有不同，她们都相貌出众，五官端正，而我却不是这样。我的脸毛病太多，但也许这些毛病加在一起反而会更有魅力呢。如果我的鼻子上有一个肿块，我会毫不犹豫地把它除掉。但是，说我的鼻子太长，那是毫无道理的，因为我知道，鼻子是脸的主要部分，它使脸具有特点。我喜欢我的鼻子和脸的本来的样子。

"说实在的，"我对卡洛说："我的脸确实与众不同，但是我为什么要长得跟别人一样呢？"

"我懂，"卡洛说，"我也希望保持你的本来面目，但是那些摄影师们……"

"我要保持我的本色，我什么也不愿改变。"

"好吧，我们再看看。"卡洛说，他表示抱歉，不该提出这个问题。

"至于我的臀部。"我说，"无可否认，我的臀部确实有点过于发达，但那是我的一部分，是我所以成为'我'的一部分，那是我的特色。我希望保持我的本来面目。"

正是这次谈话，使导演卡洛·庞蒂真正地认识了索菲亚·罗兰，了解了她并且欣赏她。后来，卡洛·庞蒂成了罗兰的丈夫。由于罗兰没有对摄影师们的话言听计从，没有对自己失去信心，她才得以在电影中充分展示她的与众不同的美。而且，她独特的外貌和热情、开朗、奔放的气质开始得到人们的承认，被人们称为"从贫民窟飞出来的天鹅"。

索菲亚·罗兰在面对自己热爱的电影事业时，并没有盲目地听从导演的意见，她坚持自己的特点，不愿在自己的外貌上做出任何改变，即使冒着被导演辞掉的危险，她依然相信自己，没有做出让步，最终她得到了导演的认可，也得到了观众的认可，她在电影方面的成就证明了她的坚持和自信是正确的。

　　女人在面对人生的转折时，如果认为自己选择是正确的，就要坚定地相信自己，不要盲目地去听从别人的意见，这样才会让自己有更大的机会获得成功。

做最好的自己

　　有个修车匠的女儿，她一直想当个歌手，不幸却长了阔嘴和龅牙。第一次公开演唱的时候，为了显得有魅力，她一直想办法把上唇向下撇，好盖住突出的门牙。结果呢？她看起来十分可笑，当然注定了失败。

　　但是，有个人听了演唱之后，觉得她颇有歌唱天赋，便率直地告诉她："我看了你的表演，知道你想掩饰什么，你不喜欢自己的那口牙齿！"女孩听了觉得很羞报。那人继续说："这有什么呢？龅牙并不是罪恶，为什么要掩饰它呢？张开你的嘴巴，只要你自己不引以为耻，观众就会喜欢你的。何况，这口牙齿还说不定会带给你好运气呢！"

　　她接受了这个人的建议，不再在意那口牙齿。从那时起，她关心的只是听众。她张大了嘴巴，尽情开怀地唱，终于成了顶尖的歌星，她就是卡丝·黛莉。

　　你和我都具有这些潜能，所以，不要浪费时间去担忧自己与众不同。你在这世上完全是独一无二的，前无古人，也将后无来者。

遗传学家告诉我们，每个人都是由48个染色体互相结合的结果。其中24个染色体来自父亲，另外24个来自母亲。每个染色体里面有成百个遗传基因，每一个基因都能影响到整个生命。因此，我们的确是"不可思议、极为奇妙"的一个个体。

你应庆幸自己是世上独一无二的，应该把自己的禀赋发挥出来。经验、环境和遗传造就了你的面目，无论是好是坏，你都得耕耘自己的园地；无论是好是坏，你都得弹起生命中的琴弦。

爱默生在散文《自恃》中写道：

每个人在受教育的过程当中，都会有段时间确信：嫉妒是愚昧的，模仿只会毁了自己；每个人的好与坏，都是自身的一部分；纵使宇宙间充满了好东西，不努力你什么也得不到；你内在的力量是独一无二的，只有你知道自己能做什么，但是除非你真的去做，否则连你也不知道自己真的能做。

这就是爱默生所说的。另外，道格拉斯·玛拉赫也用一首诗表达了他的看法：

如果你不能成为山顶上的高松，

那就当棵山谷里的小树吧——

但要当棵溪边最好的小树。

如果你不能成为一棵大树，

那就当丛小灌木；

如果你不能成为一丛小灌木，

那就当一片小草地。

如果你不能是一只麝香鹿，

那就当尾小鲈鱼——

但要当湖里最活泼的小鲈鱼。

我们不能全是船长，必须有人也当水手。

这里有许多事让我们去做，有大事，有小事，

但最重要的是我们身旁的事。

如果你不能成为大道，那就当一条小路；

如果你不能成为太阳，那就当一颗星星。

决定成败的不是你尺寸的大小——

而在做一个最好的你！

Part 2

不想被拒绝，首先要克服怕被拒绝的心理

——心态好，逆风也敢飞

有些女人担心被拒绝，就不敢去争取，这是多么可笑！很多时候，影响我们的不仅仅是环境，还有心态。心态决定着我们的视野、事业和成就。积极的人，行动也积极，遇到挫折也不怕，越挫越勇，终将成功。

越怕出丑，越容易出丑

王晓芳28岁了，是个很文静的女孩子。一直以来，她有个心理障碍，就是在异性面前总是感到很紧张，很不自然，因而影响了交男朋友，也影响了与周围人的交往。她说从小就怕见生人，在生人面前不知所措；也从来不主动回答老师的提问，更害怕被点名回答问题，怕在众人面前讲话。

因此，无论是听演讲，还是公司开会，她总是坐在倒数几排的位置，联欢活动中从来都看不到她的身影，甚至有一个在公司工作了好几年的同事，连她叫什么都不知道。在老板眼中，她更是一个不起眼的小角色。所以，尽管王晓芳工作兢兢业业，但一切好事几乎都与她无缘。

王晓芳所存在的心理现象便是羞怯心理。女人羞怯心理的表现多种多样。有的站在陌生人面前，总感到有一种无形的压力，总感觉自己正在被审视，感到极难为情，不敢迎视对方的目光；有的与人交谈时，心里发慌，面红耳赤，虚汗直冒，即使硬着头皮与人说上几句，也是结结巴巴，前言不搭后语。

一般说来，女人的羞怯心理是一种正常的情绪反应。许多人都可能有过这种体验。这虽然算不上什么大病，但是，羞怯心理对人际关系的建立和发展是一种障碍。

羞怯是内心不安的一种反映，也是人的自卑感在作怪。自卑感的产生源于对自身盲目的否定。女人要学会正确、客观地评价自己，不要对别人如何评价自己太敏感、太介意，要经常扪心自问："我真的不如人吗？""我真的不能像他人那样交谈、处事吗？"如果不是这样，你就不必为此担心；如果真是这样，也没什么大不了的，只需学会如何改进就可以了。人无完人，缺点是谁都避免不了的。

另外，女人之所以表现出害羞，大多是为了避免出丑。殊不知这样羞羞答答，更显得小气、矫揉造作，不会给人留下什么好印象。

所以，越是害羞就越要多参加社交活动，在实践中掌握克服羞怯心理的有效方法，不能采取回避态度。要在与人接触中，学会如何对待别人的问候或恭维，学会如何与陌生人进行开场白，学会如何让谈话继续下去或中止谈话；锻炼在公共场合说话的本领，提高语言表达能力和技巧；多参加文体活动，扩大人际交往的圈子。这样你会在各种活动中自然地消除羞怯心理。

另外，不要太过刻意。羞怯的人想摆脱羞怯，其结果是越想摆脱，反而表现越明显，逐渐形成恶性循环。因此，要接纳羞怯的表现，采取"随它去"的态度，带着羞怯去做事，认识到羞怯只是生活的一部分。这样反而有助于使自己放松下来，克服羞怯心理。

当羞怯的女人克服了内心的障碍，自信地走向社会时，或许奇迹就会出现——就如风雨后的彩虹，绚丽斑斓！

积极争取，不做生活中的旁观者

有意识地去争取幸运的机遇，而不是非要依赖出色的才能在竞争中获胜。

现代的社会结构已从过去的相对简单化、平面化演变成更加复杂的、立体的、多层次的，由此也带来了更多的成功机遇。这使得我们可以从多种角度去考虑，什么地方、什么行业、什么活动机会更多，更容易帮助自己成功。有了这番考察之后，就要积极主动地做一名参与者，而不是旁观者。要会抢"镜头"，做"焦点"人物，而不是做观众。

有个女人买彩票，居然连中了两次大奖。这当然纯粹是因为运气。但是如果她不去投注站买彩票，怎么会有中奖的可能？一张彩票仅仅两元钱，就有了中500万元大奖的一个机会。

当然，这只是个例子，我们并不因此提倡买彩票。

我们为了一个机遇，为了一项活动，也不妨像买彩票一样，做一点点投入。这种投入不一定要倾其所有，也可以是非常有限的。如果你有多种兴趣、多种爱好，并在这些方面花上一点时间和精力，那么你的生活不仅会变得多姿多彩，更有意义，还有可能成为幸运儿。

许多人有这样的体验：成功机遇不是来自于直接的比赛，而是莫名其妙地被人们"聚焦"成了名人，因此也就成了成功的幸运儿。很有可能你就是某个方面唯一的人选，事物发展的轨迹，事态演变的结果，非要把你炒作成一个名人不可，人人都想帮你，你想躲都躲不掉。

所以，我们强调要做生活的主角，做现实生活的积极参与者，而不是做"看客"做"观众"。女人最大的缺点就是做事被动，不愿抛头露面，这是传统女人的"遗迹"。我们应当抹去这些印记，做一个具有现代意识的新女性。未来的世界就是一个明星的世界，会有更多的人进入公众的视野，而不是永远生活在一个缺乏关注的角落。未来的世界里，不分职业、年龄、性别、国籍，只分成功者和不成功者。

一般来说，生活在公众视野里的人物，更能尽自己最大努力来表现自己"真、善、美"的那一面。今天的世界，已经有了足够丰富的物质财富来奖赏更多成功的人。但没有人会将这一切拱手奉献于你。所以，大家应该努力给别人一个尊敬你、欣赏你、发现你、肯定你的机会。只要你成功了，一切美好的词汇都属于你。

人们越努力，成功的机会就越多。并且，成功也不像许多人想象的那么难。要成功，首先要有成功的意识。其次就是端正态度，朝着"成功"的方向走。很多女人虽然想成为明星、名人，可是努力很少，甚至从未努力过。一个人没有成绩，别人是不会将荣誉的花环戴在你的头上的。你要给别人一个爱你、帮助你、追捧你的理由。

我们社会生活的每一个方面，都有一份大奖在等着你。还有许许多多的方面，等着你去开拓，去实践，去创新。很多人成功之时，都是不知不觉、毫无心理准备的，没想到事情就这么简单。成功者本人也常常认为，其实很多人比他更优秀。问题是，他干了这件事，并且只有他干了这件事。

中奖不是竞赛的结果，而是由社会的"幸运机制"决定的。一个健康的积极向前发展的社会，必然要在人们需要关注的事物之中寻找体现"真、善、美"的焦点人物，必然要对那些为社会发展、经济繁荣或是道德水平的提升做出贡献的典型人物给予奖励，鼓励更多的人在社会各个领域勤奋努力，做出更多的成绩。只要我们具备这种意识，并且积极行动，可能仅仅是一件平凡的小事，都能让你成为幸运儿，这就是中奖法则。

女人心态好，运气就好

为什么有些女人能拥有健康的身体、不错的工作、良好的人际关系，整天快快乐乐地过着高品质的生活，似乎她们天生就比别人幸运；而另外一些女人整天忙忙碌碌，辛苦劳作却只能勉强维持生计？说起来，人与人之间并没有多大的区别，但为什么有人能够克服万难去建功立业，获得成功，而有些人却不行呢？

不少心理学家发现，造成人与人之间差别的秘密就在于人的心态。正如一位哲人所言："心态是你真正的主人。"心态跟人的命运有着直接的关系。

人生并非只是一种无奈，而是可以由自身主观努力去把握和调控的。心态就是调控人生的控制塔。女人有什么样的心态，就会有什么样的生活和命运。

有一个名叫胡达·克鲁丝的老太太，她的朋友和邻居迈克夫人和她是同龄人。她们在共同庆祝七十大寿时，迈克夫人认为人活七十古来稀，自己已年届七十，是该去见上帝的年龄了。因此她决定坐在家里，足不出户、颐养天年。她为自己做寿衣、选墓地、安排后事。而胡达·克鲁丝则认为：一个人能否做什么事，不在年龄的大小，而在于自己的想法。于是她开始学习爬山，其中有几座还是世界上有名的高山。后来，她95岁高龄时登上了日本的富士山，打破了攀登此山年龄最高的纪录。

同样是受到70岁生日这个信息的刺激，迈克夫人的心理反应趋向是消极的。她采取了足不出户、安排后事的行动，结果在好多年前就去见上帝了。而胡达·克鲁丝的反应则是积极向上的，她采取了学习爬山的行动，结果创造了一项吉尼斯世界纪录。所以说，女人的心态与命运相连，不要让消极的念头占据你的思想，什么时候都应该保持积极向上的心态。

威廉·詹姆斯说："播下一种心态，收获一种思想；播下一种思想，收获一种行为；播下一种行为，收获一种习惯；播下一种习惯，收获一种性格；播下一种性格，收获一种命运。"这段话浓缩成一句话就是：心态决定命运。

女人的命运掌握在自己手里，因为女人掌握着自己的心态。

无论一个女人多么有能力，如果缺乏好的心态，那就什么事也做不成。良好心态的能量是巨大的，也是动力产生的源泉。有了它，女人就能把握住自己的命运，实现人生的理想，在人生的道路上勇往直前。

聪明的女人不会只让自己外表看起来美丽，还会培养自己良好的心态，主宰自己的人生。女人有了良好的心态，就能享受生活赋予的幸福，能够承受生活的种种压力，并有勇气挑战各种困难和挫折。

你也可以是"幸运女神"

好事与坏事都不曾既定，但不同的思想却可以导致相应的结果。

当我们遇到每天都很开心的人时，心里总会产生疑问：他怎么看起来从来都没有烦恼呢？相信每一个人都希望自己是一个开心的人，但事与愿违，漫长的人生中总会出现这样或那样的不愉快。我们到底应该怎样做，才能像某些人一样天天都有一个好心情呢？

要想变得开心，最重要的莫过于保持积极的思想和态度。正如美国心理学家威廉·詹姆斯说的那样，变得开朗的第一秘诀就是装作很开朗。如果你选择积极的思考方式，那么你的人生也将变成积极主动的人生，同时，你还可以真正地把握自己的命运。如此一来你会发现，许多意想不到的好事总会降临到自己身上。

从前，有一个特别幸运的女孩，朋友们都称呼她为幸运女神。比如说，当她用平时积攒的零用钱去百货商场购买自己心仪已久的商品时，那天就会正好赶上打折；考试的时候，试卷上的题目正好在她的复习范围之内；还总能碰到特别好的班主任老师……好像什么幸运的事情都能让她碰到似的。

她的一个好朋友，很喜欢她的洒脱，并且总觉得只要跟在她的身边，就能沾上她的幸运，所以总是和她形影不离。

后来和她相处久了，好朋友才发现其实她的人生也并非一帆风顺，只是每当逆境或者挫折来临的时候，她总是坦然面对，坚信所有的苦难和挫折都是短暂的，并相信一切都会过去，好运就在不远的将来；当身处顺境时，她总不忘说一句"我太幸运了！"

仔细想来，其实每个人的运气都并不比"幸运女神"的运气差。只不过当好事降临到我们身上的时候，从来也没有意识到自己是幸运的。相反，当不幸降临时，我们总是不忘记抱怨："为什么偏偏让我遇到这种事情？我真是倒霉透了。"于是，幸运就被满腹牢骚遮住了。

用乐观的心态接受发生在自己身上的一切。当你改变思考方式的时候，以前从未注意到的那些发生在自己身上的事情竟是那么美妙。更加神奇的是，看起来很小的一件事情竟然也可能给你带来惊喜的感觉。

坏事或好事，就看你怎么想

不要抱怨生活的不公正和残酷，任何一件事都有其积极的一面。无论在日常生活中还是面对发生的重大事件，从另一个角度看问题总是比较好。

卡耐基夫人曾听瑟尔玛·汤普森女士讲过一段她的经历：

二战时，我丈夫驻防加州沙漠的陆军基地。为了能经常与他相聚，我搬到那附近去住。那实在是个可憎的地方，我简直没见过比那更糟糕的地方。我丈夫出外参加演习时，我就只好一个人待在那间小房子里。热得要命——温度高达华氏125度，没有一个可以谈话的人。风沙很大，所有我吃的东西以及呼吸里都充满了沙、沙、沙！

我觉得自己倒霉到了极点，觉得自己好可怜。于是我写信给我父母，告诉他们我放弃了，准备回家。我一分钟也不能再忍受了，我情愿去坐牢也不想待在这个鬼地方。我父亲的回信只有三行，这三句话常常萦绕在我心中，并改变了我的一生：

"有两个人从铁窗朝外望去，

一人看到的是满地的泥泞，

另一个人却看到满天的繁星。"

我把这几句话反复念了好几遍，我觉得自己很丢脸。决定找出自己目前处境的有利之处，我要找寻那一片星空。

我开始与当地居民交朋友，他们的反应令我感动。当我对他们的编织与陶艺表现出很大的兴趣时，他们会把拒绝卖给游客的心爱之物送给我。我研究各式各样的仙人掌及当地植物，我试着多认识土拨鼠，我观看沙漠的黄昏，我找寻300万年前的贝壳化石——原来这片沙漠在300万年前曾是海底。

是什么带来了这些惊人的改变呢？沙漠并没有发生改变，改变的只是我自己。因为我的态度改变了，正是这种改变使我有了一段精彩的人生经历。我所发现的新天地令我觉得既刺激又兴奋。我着手写一本书——一本小说。我逃出了自筑的牢狱，找到了美丽的星辰。

好事或坏事，关键就在于你透过窗户的那道视线是落在满地泥泞上，还是满天繁星上。

女人往往希望自己长得漂亮，认为漂亮的女人有更多优势。但是即使是个相貌平平的女子，也未尝不"美丽"，只是看你如何变"负"为"正"。

面对挫折，不要轻言放弃

狮子在追兔子的时候，失败的次数竟然比成功的次数多很多。其实，仔细一想，道理很简单：狮子是为了饱餐一顿而奔跑，兔子却是在为了生命而奔跑。孰轻孰重，不言自明。由此我们可以知道，人们的潜力也是可以无限发挥的，只在于你是否愿意尽力而已。

因此，如果我们在某件事情上遭遇了失败，首先要做的不是寻找客观理由，而是自我检讨是否尽了全力。来吧，亲爱的朋友们，让我们尽力做好每一件事情吧！相信没有什么事是不能做到的。

南希患有小儿麻痹症，10岁的时候，不得已开始使用拐杖。后来，听说游泳对锻炼腿部肌肉有奇效，她的父母就让南希去学游泳。四年后，南希在加利福尼亚圣巴巴拉市举行的一次游泳比赛中获得了第三名的好成绩。19岁时，在全国大赛中获得了第一名。当时，罗斯福总统慈祥地问她："你是怎么以残疾之身获得冠军的呢？"

"我只是一直都没有放弃罢了，阁下。"南希自豪地说道。

当然，不是努力了就会成功，但不可否认的是，那些成功人士无一例外都曾经拼命地努力过。

人们大多存在这样一个共性，那就是还没有真正开始努力就放弃了。大家可能从身边的人身上发现过这样的现象：只要一遇到困难，她们就会找出各种无法成功的理由，然后心安理得地逃避；还没有付出全部的努力，就说这是拼命也无法完成的事情。这样的做事态度，怎能获得成功？

英国劳埃德保险公司曾从拍卖市场买下一艘船。这艘船1894年下水，在大西洋上曾138次遭遇冰山，116次触礁，13次起火，207次被风暴扭断桅杆，然而它从没有沉没过。劳埃德保险公司基于它不可思议的经历及在保费方面给其带来的可观收益，最后决定把它从荷兰买回来捐给国家。现在这艘船就停泊在位于萨伦港的英国国家船舶博物馆里。不过，使这艘船名扬天下的却是一名来此观光的律师。当时，他刚打输一场官司，委托人也于不久前自杀了。尽管这不是他第一次辩护失败，也不是他遇到的第一例自杀事件。然而，每当遇到这样的事情，他总有一种负罪感。他不知该怎样安慰这些在生意场上遭受了不幸的人。当他在英国国家船舶博物馆看到这艘船时，忽然有一种想法，为什么不让他们来参观参观这艘船呢？于是，他就把这艘船的历史抄下来和这艘船的照片一起挂在他的律师事务所里，每当商界的委托人请他辩护，无论输赢，他都建议他们去看看这艘船，好让他们知道：在大海上航行的船没有不带伤的。虽然屡遭挫折，却能够坚强地挺住，这就是成功的秘密。

苦难，在不屈的人们面前会化成一种礼物。这份珍贵的礼物会成为真正滋润其生命的甘泉，让其在人生的任何时刻都不会轻易被击倒！

有些拒绝，是为了更好地成长

虽然人生充满了苦难，但是苦难总是能够战胜的。你所面临的拒绝，或许会给你带来另一种幸运。在人的一生中，谁都不可避免地遇到这样或那样的拒绝。但是，我们要相信，世界上没有我们人类不能忍受和克服的痛苦。上帝在给我们某种磨难的同时，一定也让我们得到另外的补偿。所以，当我们面临痛苦的时候，不要只感到不幸，因为谁也不知道，是否会有另一种幸运在等待着我们。

凯莉自从进了大学以后，不知道什么原因，原来只有两三个的青春痘忽然覆盖了她的整个脸庞。对于爱美的她来说，这是一个很严重的打击。为了消除这个困扰，她几乎跑遍了所有的皮肤病医院，却始终没有效果。最后，她竟觉得自己没脸出门了，抑郁症和自闭症接踵而来。因为同学看到她，说了一句"怎么破成这样"的话，凯莉连课堂都不想去了；她和男友因此频繁地争吵，最后以至于分手。

凯莉不仅没有治好自己的脸，反而遭受了一次又一次的打击。刚开始的时候，她每天都对着镜子叹息。终于有一天，她下定决心要改变自己。之后，她就坚决不再吃那些比萨、汉堡包等快餐食品，而且还开始参加运动。此外，她还戒了酒，并且每天都做一次半身浴。除此之外，她还补充了一些诸如维生素C等对身体有益的营养物质，并坚持隔一天敷一次面膜，给皮肤增加营养。

这样一来，她的脸部皮肤竟然得到了明显好转。对此，凯莉不胜欢喜，于是努力坚持。三个月后，她的脸变回了原来的样子，皮肤变得越来越润滑。不仅如此，她还忽然发现，自己曾经以为不可能好转的其他不适感竟然通过这次的皮肤问题而得到了彻底解决：折磨了她十多年的痛经竟然消失了，月经不调的症状也没有了。

当然，在凯莉的皮肤出现了问题和解决这个问题的时候，她非常痛苦。但正是由于这个问题的存在，才促使凯莉改变自己的生活方式。最终，不仅治好了皮肤病，而且还治好了痛经、头痛、疲劳症等慢性疾病。从自己的遭遇中，凯莉学到了"磨难使人成长"的道理。从那以后，不论遇到什么严重的困难，她都努力解决，并从中丰富自身。

上帝在关上一扇门的同时，自然会为你开启一扇窗。当你遭遇磨难时，或许幸运就在不远的地方等着你。

别为打翻的牛奶哭泣

亚伦·山德士先生永远记得他的生理卫生课老师保尔·布兰德温博士教给他的最有价值的一课。

当时我只有十几岁，却经常为很多事发愁，为自己犯过的错误自怨自艾。我老是在想我做过的事，希望当初没有那么做，我老是在想我说过的话，希望当时把话说得更好。

一天早晨，我们走进科学实验室，发现保尔·布兰德温老师的桌边放着一瓶牛奶。真不知道那和他教的生理卫生课有什么关系。突然，老师一把将那瓶牛奶打翻在水槽中，同时大声喊道："不要为打翻的牛奶而哭泣。"

然后，他把我们叫到水槽边上说："好好看看，永远记住这一课。你们看牛奶已经漏光了。无论你怎么着急，如何抱怨，也不能救回一滴了。只要先动点脑筋，先加以防范，那瓶牛奶就可以保住。可是现在已经太迟了——我们所能做到的，只是把它忘掉，去想下一件事。"

这次表演使我终生难忘。它告诉我，只要有可能，就不要打翻牛奶。万一牛奶打翻整个漏光，就要把这件事彻底忘掉。

"不要为打翻的牛奶而哭泣"是老生常谈，却是人类智慧的结晶。即使你读过各个时代很多伟人写的有关忧虑的书籍，你也不会看到比"船到桥头自然直"和"不要为打翻的牛奶而哭泣"更有用的老生常谈了。事实上，只要我们能多利用那些古老的俗语，我们就可以过一种近乎完美的生活。然而，如果不加以利用，知识就不是力量。本书的目的并非告诉你什么新的东西，而是要提醒你注意那些你已经知道的事，鼓励你把已经学到的那些加以应用。

在一次大学毕业班演讲中，须德教授问道："有谁锯过木头，请举手。"大部分学生都举了手。他又问，"有谁锯过木屑？"没有一个人举手。

"当然，你们不可能锯木屑。"须德教授说，"过去的事也是一样，当你开始为那些已经做完的和过去的事忧虑的时候，你就是在锯一些木屑。"

莎士比亚告诉我们："聪明的人永远不会坐着为自己的损失悲伤，而是很高兴地去找出办法来弥补创伤。"

当然，有了错误和疏忽都是我们的不对。可是，谁没犯过错呢？拿破仑在他所有重要战役中也输过三分之一。也许我们的平均纪录比拿破仑还少呢。何况，即使动用国王所有的人马，也不能挽回已经输掉的战役。

Part 3

情商低，最容易被人拒绝的原因

——80% 的女人都缺乏的软实力

有些女人过分考虑自己给别人留下的印象，总是担心别人瞧不起自己，因此容易用力过猛，让人敬而远之。爱生气吵架、经常牢骚满腹、不知足、嫉妒别人、心胸狭窄等，似乎成为她们生活中的常态。那么，究竟是什么原因导致的呢？归根到底还是情商比较低。

小心让你失控的坏情绪

俗话说：天有不测风云。生活中，每个人都可能遇到许多不尽如人意之处。比如：你在外面做生意失败了；爱人被老板炒了鱿鱼；孩子踢球把邻居家的玻璃打碎了等等。如果你面对上述情形，会有"发疯"的感觉吧。其实，生活中有许多人就是在这些突发情况下，因为坏情绪丧失了判断力，从而使事情恶化，自己也在其中成了受害者。

李妮毕业后应聘于一家公司销售家用电器，公司提出试用期三个月。三个月过去了，李妮没有接到正式聘用的通知，于是她一怒之下提出辞职。公司的一位副经理请她再考虑一下，她却越发火冒三丈，说了很多抱怨的话。于是对方也动了气，明明白白地告诉他，其实公司不但已经决定正式聘用他，还准备提拔她为营销部的小头目。然而这么一闹，公司无论如何也不能再用她了。当年涉世未深的李妮就这样因为自己一时的情绪失控而白白地丧失了一个绝好的工作机会。

坏情绪经常会干扰人的理性判断。人的生命是短暂的，如何才能抓住机会，不让自己的生命留下悔恨呢？这需要有一双智慧的眼睛、一颗敏锐的心，还要有稳定的情绪。

流浪歌手大卫回忆他年轻的时候，曾满怀信心地把自制的录音带寄给某位知名制作人。然后，他就日夜守候在电话机旁等候回音。起初，他因为满怀期望，所以情绪极好，逢人就大谈抱负。到了第十七天，他因为情况不明开始情绪起伏，胡乱骂人。第三十七天，他因为前程未卜，情绪低落，闷不吭声。第五十七天，他自觉期望落空，所以情绪坏透，接通电话就骂人，没想到电话正是那位知名制作人打来的，他为此而自断了前程。

情绪的纠结会造成失眠。很多人休息的时候都带着未解决的难题上床，他们在心理和情绪上仍然想要处理事情，而这时却又是最不适宜做事的。

白天我们需要各种不同的情绪和心理。跟老板与跟顾客交谈时，你需要不同的心情。在你和生气的、爱发脾气的顾客交谈之后，你必须改变一下自己的心情。才能和下一个顾客交谈。否则，一种情况里的情绪纠结在另一种情况里，是不利于处理问题的。

一个大公司发现他们的一位助理莫名其妙地以粗野、生气的口气接电话。这个电话恰巧是从公司正在举行的一个重要会议上打来的。那时这位助理正处在困境和敌意之中。不用说，她那生气与充满敌意的、如棒槌一般的口气使打来电话的人吃了一惊。当然，这也给她自己带来了麻烦。公司的人对这位助理的行为火冒三丈。针对这件事，这家公司规定：以后所有的助理在接电话以前，必须先暂停五秒钟，并且要微笑一下。

情绪的纠结还会引起意外事件。追查意外事件起因的保险公司及其代理人发现，很多车祸的发生都是由于情绪的纠结。如果一个司机和他的妻子或者老板发生了口角，如果他在某些事上遭到了挫折而离开，那他很可能会发生车祸。他带着糟糕的情绪开车。他并不是在生其他司机的气，而好像是在梦中一样，神志恍惚，精力无法集中。事情就是如此。

你应该了解，真正有益的事情，是友善、安宁、平静以及镇定。因此，不妨时时清理情绪，及时蒸发掉不良的情绪。同时，使镇定、平静、安宁的情绪参与到你马上要进行的活动中。

开动脑筋，解决情绪包袱

如果你在工作中碰到了麻烦或遭受了挫折，最高明的办法就是想想那些和你一样遭受痛苦的姐妹们。你应该设法主动结交她们，讨论共同的问题，商量解决的方法。

不妨找一位有成就的男人或女人作为你的知己。他或她的成功经验可能对你解决问题有一定的帮助。

仔细思考那些"守则"（"我应当随时都彬彬有礼、待人和蔼"或"我不应当为自己谋取私利并要求提薪"）是如何捆绑、约束你的生活，并使你陷入这种不利的处境的，这对你很有益。

如果你结了婚，但由于家里家外的事引起的矛盾使你感到包袱沉重，并产生了压抑的情绪，你必须和你的家人商量，找出新的解决方法。你不能背着沉重的家庭负担去工作，你丈夫和孩子也负有责任。你不必为此感到内疚。如果你愿意，制订一个计划，把家务事好好安排一下。

你必须给自己留有一定的时间，每周一晚上或至少有一个星期六或星期天的下午。

有一组结过婚的女士，曾安排每五个女士一组在星期六到各自的家去进行清洁大扫除。在她们做清洁时，她们的丈夫就帮助照料孩子。到了下一周，就相互对换。这看来是一个"别出心裁"的主意，的确是这样。如果你心情不畅，记住，必会有新的解决方法。

尽管人人都会有孤独的时候，但单身女性的孤独最具有代表性。她们的孤独是一种实实在在、悲观失望的孤独。正是由于对生活失去了信心才使得她们总不能如愿以偿，这种失望孤独的消极态度是克服压抑情绪最大的障碍之一。

　　迅速但只能暂时解除痛苦的方法在这里起不了多大的作用，医治孤独的根本办法是和大家建立友谊。而友谊的建立需要和人交往。因此，时间在这里是至关重要的，必须花点时间去广交朋友，建立友情。

　　另外，暗示的力量是无穷的，只要你能够正确运用它，它就会为你的人生带来幸福和快乐。

　　有个女孩子，平时总是爱发脾气，猜疑心重。家里人都很怕和她说话，稍不留心，可能就会惹来麻烦。这个女孩子很苦恼，她也知道这不是好事，但是每次她都控制不住自己，事后又后悔。后来她接受了医生的建议，经常对自己说："我的脾气其实很好。我每天都充满了快乐，我和我的家人相处得很好，我很爱他们，他们也喜欢我。我关心他们，体贴他们，我身边的人都因为我的存在而感到幸福快乐。"

　　三个月以后，奇迹出现了：她真成了一个活泼热情、温柔体贴的好姑娘。

　　人究竟有多大的潜能？开发的极限是什么？谁都无法回答。其实，我们每一个人都可以活得比现在卓越，因为我们并没有达到自己的人生极限。

　　培养自己这种习惯：保持最好的自我，成为你最想成为的"那个你"。

　　尤其要记住自己受人赞美的地方。那就是真实的你，使之成为指导你一生的参照物——最好的自我形象。你会发现重新调整感觉的做法将会像磁石一样吸引你。当你设想自己达到了目标时，你会感觉到这块磁石的力量。

别让"坏想法"小鸟在头上搭窝

消极的想法是吞食人生幸福的害虫。

某银行全体职员一起去开研讨会。社长下达了一个指示：每一个职员必须在旁边的一百个包袱里选择一个，并且在两天的研讨会期间都要拎着。

职员朱丽叶是一个每天都抱怨不断的老姑娘，她一直认为自己是一个很倒霉的人，对什么事情都很烦躁。按照社长的指示，朱丽叶也拿了一个包袱，觉得这个包袱比想象的重。看着那些拎着包袱谈笑风生的其他职员，她心想自己拎着的包袱一定是最重的。这样想着，她自然很不开心。

夜里，大家都睡着后，朱丽叶悄悄地去了堆着包袱的地方。摸着黑，她一个一个地拎着试，终于找到了一个最轻的包袱，然后她在上面做了一个只有自己才知道的记号后，回去睡觉了。

第二天早上，在拿包袱的时候，朱丽叶冲上去，拎起了自己做了标记的包袱。但是，她惊讶地发现，这个包袱正是前一天她自己一直拎着并抱怨太沉的那一个。

在人的一生中，谁不会碰到一些不顺心的事情呢？偶尔产生一点郁闷也是很正常的。但是，总觉得自己运气不好、很倒霉的人就有问题了。

其实，很多问题都是人自己想出来的。洛克医生说过，有一种病比癌症更可怕，那就是常常抱怨和不满。乐观的人能在所有的困境中看到机会，而消极的人即使身处千载难逢的机会当中，也只能看到困难。

如果你的周围有一些时刻都很消极的人，那么就请你远离他们吧。因为消极的想法是会传染的。如果长时间待在他们身边，你也会在不知不觉中陷入否定的思维当中。所以，请你尽可能地和那些乐观的人交往吧。另外，请你远离那些对你想做的事一味地说"那是行不通的，那是不可能的"的人吧，他们说的话绝对不是为了你好。因为真正为你担心的人，是给予你激励和忠告的人。

我们不能抵挡小鸟从头顶上飞过，但是却可以阻止它在我们的头顶上搭窝。坏想法如同飞过头顶的小鸟一样不可抵挡，但是不让坏想法在头脑中扎根却是每个人都可以做到的。

嫉妒毁掉你，更毁掉一切

嫉妒是一种不良情感，它如毒蛇般吞噬着人的心灵。

琼是一家大公司的高级雇员。两年前，她还是普通员工，与一大群姐妹做着最下层的基础工作。那时，她与众姑娘"平起平坐"，大家相互关心，相互爱护，工作氛围非常和谐。

现在，她是高级雇员了，却感到极其空虚。大家都疏远了她，仿佛她是个怪物。琼被姐妹们开除了"友籍"，一开始有些姑娘借一些穿着打扮来讽刺琼，不久，这种讽刺升级为谣言和诋毁。

琼失去了立足之地，不得不换到另一家公司。在那儿，她又开始从基层做起，但她却不知自己这次的命运将会如何，不知是否会旧难重演。

这就是典型的女性嫉妒造成的破坏。

嫉妒是对才能、名誉或境遇比自己好的人心怀怨恨和不满。德、才、财、貌都是引起嫉妒的导火索。

嫉妒是追求所有权时产生的一种变形的感情。

人们常有一种"因为你有，我没有，我夺不过来你的，就要让你也成不了事"的心态。在上一事例中，我们不难看出，琼就是因为超过了"平起平坐"的朋友，才落到那般地步的。

嫉妒是一种心灵的病态表现，于己于人于社会都有百害而无一利。黑格尔说："嫉妒是平庸的情调对幸福的反感。"

嫉妒是平庸的产物。因为平庸之辈见到别人在事业上成功便会意识到自己的无能和失败，两相比较，很容易在内心深处产生"反感"。于是，种种打击方式就扔到了对方的身上。嫉妒者的目的就是"见贤思不齐"，一心想将别人否定掉。事实证明，嫉妒不能使人成功，只能更显自己的低俗平庸。

嫉妒是可以克服的，采用以下建议，你将会是一个优秀的成功女性和具有嫉妒免疫力的女性。

从"小我"中解放出来，应将自己放在社会大范围中，用位置意识来调整自己，生出宽广的心地、淡然的气质和风度。

着眼于做实事，不图虚名。以"成功在于自我"的胸怀做指导，埋头做自己的事，别把时间浪费在嫉妒他人上。

扬长避短，另辟蹊径。承认别人的长处、成功，虚心学习。找到自己独特的才能，走自己的路，完成此路不通、另辟蹊径的转变。

制造什么，也不能制造郁闷

一列火车上，有位太太身上穿着名贵的毛皮大衣，上面缀着璀璨夺目的钻石。然而却不知是什么原因，她的外表看起来总是一副不悦的样子。她几乎对任何事情都抱怨，一会儿说"这列车上的服务实在差劲，窗没关严，风不断地吹进来"，一会儿又大发牢骚"服务水准太低，菜又做得难吃……"

不过，她的丈夫却与她截然不同，看上去是一位和蔼亲切、温文尔雅且宽宏大量的人。他对于太太的言行举止似乎有一种难以应付而又无可奈何的感受，也似乎相当后悔偕她旅行。

他礼貌地向沉默的同车人打了个招呼，并询问其所从事的行业，同时做了一番自我介绍。他表示自己是一名法律专家，又说："我内人是一名制造商。"此时，他脸上有一种奇怪的微笑。

听完他所说的话，那位同车人感到相当疑惑，因为他的太太看起来一点也不像个实业家或经营者之类的人物。于是，那个同车人不禁疑惑地问："不知尊夫人是从事哪方面的制造业呢？"

"就是'郁闷'啊，"他接着说明，"她是在制造自己的郁闷。"

这位先生的确很贴切地道出了实际情况。

和那些风华正茂的青春女孩相比，都市"郁女"处于女性生活的高层，比一般女人有更多的机遇——教育机遇、职业机遇、婚姻机遇、晋升机遇、获得高报酬机遇等。按理说这样的女人应该是最快乐的，然而生活中最常听到她们诉说的词，竟是"郁闷"。

有证据表明，女性比男性更容易沉溺于忧思苦想，所以也更容易陷入悲伤和抑郁。这也从另一个方面解释了为什么女性抑郁症患者如此之多。

转移注意力能够有效改变不愉快的心情。如看一场精彩的体育比赛、看一部喜剧、读一本轻松愉快的书等。为排解郁闷的情绪，许多人也采取阅读、看电视、看电影、玩电子游戏、猜谜、睡觉、胡思乱想等有效做法。

还有一些有效抑制郁闷的方法，如进行体育锻炼，洗个热水澡，吃点美味佳肴，听听音乐，上街买点小玩意儿，吃点东西，换一身好衣服，理个新发型等等。

千万不要用猛吃一顿、酗酒或吸烟的方式来排解。猛吃一顿的女人，事后常常后悔吃得太多；酗酒、吸烟使女人的中枢神经受到抑制，情绪会更加消沉。

女人还可以通过做一件事情，取得一个小小的成功。如处理好家里某件拖延已久的杂事，或趁早做完打算要做的清洁卫生。这些事情很容易做成，做成之后，你会高兴一些的。

比起以上这些，消除抑郁的最好方法是换个角度看问题。一个人失恋的时候，会产生自怜自怨的想法，认为自己从此将无依无靠。如果换个角度，想一想这段爱情，它对自己也许并不那么重要呢，也许分开了才是对自己真正有益的。

另外，抑郁症患者情绪持续低落的原因在于沉溺于自己的苦闷中，所以如果移情于他人的痛苦，热心帮助他人，就能把自己从抑郁情绪中解脱出来。

快乐的女人永远最受欢迎

为什么有时候跟那些怨天尤人、怀才不遇的人在一起，自己就感到气氛惨兮兮、闷恹恹的，整个人的情绪都似乎拖垮了；而跟眉飞色舞、顾盼自得的人相处，心情会被感染得好起来？

美国一位医学博士对225名青年女大学生追踪观察三十年发现，压抑感强的人，死亡比例高达15%；而性情开朗热情的人，死亡比例仅仅是2.5%。一个乐意与人为善、帮助他人、扶危济困的女人，总能获得精神的快慰与心情的舒畅。

良好的情绪和心境，能提高人体的免疫力。

良好的情绪也能形成一种感染力。在一个快乐的家庭主妇家里，生活总有一种温暖、向上、昂扬的氛围。社会心理学家卡罗尔·塔韦斯曾提出过一种"幽默治疗法"。她谈到她母亲是怎样让她心情愉快时说："每当我心情糟糕时，说教只会让我发疯，而母亲就带我去看查理·卓别林的电影，我们开怀大笑，忧闷的心情就烟消云散了。"

快乐就是一帖乐观向上的灵丹妙药。我们的生活中，快乐的女人一定是能让丈夫和家人以及周围的人觉得可爱的人，冷若冰霜的女人有何魅力可言？还未接触，就有一种拒人于千里之外的感觉了。

内心强大的女人之所以魅力四射，是因为她们永远不会忘记保持心情畅快。要知道，心事重重的女人不会神采奕奕；伤心失意的女人不会绽放灿烂的笑容；心情不好只会显得面无表情，神态黯然，继而加速衰老憔悴。

怎样让自己快乐呢？必须清楚世界上什么事情都会发生，别把责任统统地往自己肩上放。什么事情都会过去，天下没有熬不过的苦难，明天肯定会有不同的生活场景，也就会有不同的生活乐趣。每个人的人生道路上都有着各种各样的快乐和失落。

心情感觉压抑时，应该怎么办

压抑是人在痛苦和恐惧时处理情感的一种方式。而且，它也容易上瘾，成为一种习惯。这也是为什么一些女性下意识地不愿戒除自己的压抑感，并在出现危机和烦恼时，把它当作一种方便的保护物，通过退让来恢复亲切和舒适。

一般来说，所有有瘾的怪癖都具有令人亲切和舒适的特点，尽管它们在本质上具有明显的和破坏性的自我损害特征。

你所能感觉到的各种压抑是：丧失自尊心、自卑、气恼、内疚、自我怨恨、厌世以及孤立无助。这些互相矛盾的情感混合在一起就会产生忧郁，而克制忧郁就可能导致压抑。这时，压抑感的效用可以掩盖、克制、冲淡和压抑住忧郁本身。然而，除了这些作用，它同时又重新带来不可避免地产生忧郁的所有有害情感。

有空时你可以参考下列方式，在笔记本上把你面临的问题排列出来：

1.我是否感到若有所失？如果是，是什么？怎样失去的？失去的是人、地位、声望还是自尊心？

2.我感到气恼吗？对什么气恼？对父母、朋友、丈夫、情人、孩子、兄弟或姊妹，还是对自己？为什么如此气恼？是因为我的一些愿望没有实现吗？

3.我感到绝望吗？对什么绝望？对谁绝望？这种绝望有事实根据吗？能否从自己过去的经历中找出证据来证明这种绝望只是暂时的？

4.我感到孤立无助吗？是否是真的？能否找到简单有效的办法来减轻孤立无助的感觉？是否已经探索了各种可能性？

5.我是否有内疚感？如果有，那么对什么感到内疚？希望自己做些什么？自己还对另外什么人感到内疚？我自己能引起内疚吗？

6.我是否在某些事情上怨恨自己？怨恨自己做了哪些事，或没有做哪些事？觉得自己是个可怕的人吗？如果有这种感觉，自己能找出证据来驳斥它吗？

7.我陷于内疚矛盾之中了吗？我想在同一时间内做完全对立的两件事，而且还不想放弃其中一件吗？是否想把时间花费在自己身上，而同时又想把全部时间用于家庭？是否既不想卷入某人的事务，而又继续保持与该人密切却有害的关系？

8.我怎样对待这些情感？抱住不放，还是设法冲淡？

以上问题几乎包括了你的各种压抑感。要消除它们只能逐渐地、慢慢地来，一次解决一个。你还可以补充一些自己独有的压抑感。这也是建议你使用笔记本的理由之一。写上一个问题后，接着就写出你对它的想法。同样的问题可以问多次，并用各种不同方式来回答。

一定要记住，这完全是你自己的事，不要受任何规则的约束，由自己决定取舍，由自己对自身的存在做出反应。如果发觉自己产生了急躁情绪，就暂时停止，过一段时间再接着干。

你能为自己做的最重要的和最有益的一件事，就是看看你的愿望，或所认为的"应该"会对你的精神生活带来什么样的影响，会不会使你对自己和他人抱有不满。

正确的认识不会奇迹般地立刻产生，你不会在半夜三更醒来说："这正是我的症结所在！现在我要彻底改正，今后的生活会比以前更幸福。"改变是需要一个过程的。

对付坏心情的非药物性疗法

每个人都会有愉快的时候。女人生理周期的每一个月都有那么几天是情绪低落的。情绪不好有时会让我们把自己积累了许久的印象、计划、工作毁掉或损伤。

如何克服坏心情呢？最好的方法就是把心里话说出来，尽管有时候周围没有人在听你说话。现在各地都有许多"心理热线"之类的机构，这些机构最大的宗旨是维护人的心理健全，让人保持一份好心情。这种做法在心理学上称为"宣泄"，是一种心理防御机制。

还有一种更重要的方法叫"自制"。自制同样是一种心理防御机制。柏拉图说："就人本身而言，最重要与最重大的胜利是征服自己。"

现代医学也为我们克服坏心情提供了很多镇静剂、抗忧郁剂，这为我们的坏心情得到排解起到了很大的作用。

更为可喜的是，现代人发现了对付坏心情的一些非药物性疗法：

1.运动

在各种改变情绪的自助技术中，耗氧运动最能消除坏心情。研究人员强调指出，由于化学和其他的各种变化，使运动可与提高情绪的药物相媲美。家务劳动等体力活动的效果很差，关键在于做耗氧运动，如跑步、骑自行车、快走、游泳和其他重复性持续运动，可以增加心率加速血液循环，改善身体对氧的利用。这种运动每次至少进行20分钟，每周进行3～5次。

2.利用颜色

纽约颜色心理学家帕特里夏·捷尔巴说："就像维生素是身体的营养品一样，颜色也可以成为精神的营养品。"

为消除烦躁与愤怒，避免接触红色是有好处的。为了抗忧郁，不要穿黑色、深蓝色等使心情沉闷的颜色的衣服，也不要置身于这种颜色的环境之中。应该寻找温暖明亮积极的颜色，以使心情轻松。为减轻忧虑与紧张，应选择中性的颜色，以取得镇定、平静的效果。例如，医院常用柔和的主色调，以使病人安静。

3.听音乐

音乐对不好的心情有治疗作用，应当根据等同心情原则选择音乐。如果心情忧郁，就应选择忧郁的音乐。虽然，这似乎增加你的忧郁感，但这是改变心情的第一步。可以选用3~4小段音乐，逐步把原有的心情导向所要求的心情。

4.正确择食

食物与心情有着重要的联系。糖类食品是有安慰作用的食品。单吃糖类食品有镇静作用，这是因为糖类食物刺激脑组织产生的元素可使我们感到平静和松弛。50克糖类食物已足以引起安静效应，爆米花、咸脆饼干等低热量糖类食品与油炸圈饼、油炸土豆片等致肥食品有同等的镇静作用，蛋白类食品使人维持警戒状态和精力充沛。在这方面，最好的蛋白质食品是甲壳类、鱼类、鸡、小牛肉和瘦牛肉，吃100~150克就可有效。

高咖啡因摄取也参与心情的变化。对比实验发现，对某些人来说，高咖啡因摄取与抑郁、烦躁和忧虑的加深有密切关系。

5.增加照明

美国心理卫生研究所发现，有些人易患冬季忧郁症。这是一种季节影响病，是因缺少光照引起的。只要每天增加2~3小时荧光灯人工照明，心情就会好起来。

这些方法大家不妨试一试，或许会让我们的心情不自觉地变好。

Part 4

女人把话说好，就成功了一大半

——妙语连珠，让人无法拒绝

人生在世谁能无话？说话是人生中必不可少的事。善于沟通的女人，能在倾诉和倾听两者之间自如转换，从来不会大嗓门地唠叨和争吵，而是用温柔的语气和温和的态度和颜悦色地说服对方，如春风化雨滋润人心。

让说话为你的魅力加分

作为一种艺术，说话具有巨大的美感与魅力。它是人际交往中最不可缺少的工具，更是连接人们之间关系的纽带，能缔造友情、密切亲情、寻觅伴侣、调和关系等。谈话质量的好坏直接决定了一个人的人际关系是否和谐，进而会影响到其事业的发展和人生的幸福。尤其对于现代女性来说，有技巧的说话方式、卓越的口才不仅是家庭幸福的法宝，更是事业披荆斩棘的利剑。

高素芳是北京一家电梯公司的业务代表。她的公司和北京顶级的一家酒店签有合约，负责维修这家酒店的电梯。为了不给旅客带来太多的不便，每次维修的时候，酒店经理顶多只准许电梯停开两个小时。但是一般修理至少要8个小时，而在酒店方便停下电梯的时候，电梯公司往往未必能够派出所需要的技工。

这次，这家酒店的电梯又坏了。高素芳在派出技工修理电梯之前，先打电话给这家酒店的经理。打电话的时候，高素芳并不去和这位经理争辩，她只说："我知道你们酒店的客人很多，你要求尽量减少电梯停开的时间。我了解你很重视这一点，我们将尽量配合你的要求。不过，在检查你们的电梯之后，如果我们发现现在不彻底把它修理好，那么电梯损坏的情形可能会更加严重，到时候停开时间可能就会更长。而我知道，你不会同意给客人带来好几天的不方便。"如此一来，酒店经理就选择同意电梯停开8个小时了，因为这样总比停开几天要好。由于高素芳懂得说话的技巧，表示她从内心谅解这位经理要使客人方便的愿望，因此才更容易地赢得了经理的同意。

可见，口才至关重要。一个人说话的态度、语气直接决定着双方的合作能否顺利进行。高素芳从同情别人的角度，去和他人沟通，应用说话的技巧赢得了对方的信任。所以，要想在社会上立足，女人就要懂得变通，要懂得用心说话，这样才可以把事情做好。

施瑞克夫人是一位小有名气的钢琴教师。她的学生里，有一个叫贝贝蒂的女孩，曾留着特别长的指甲。要想弹好钢琴，任何人留了长指甲都是妨碍。施瑞克夫人知道贝贝蒂的长指甲对她想弹好钢琴是一大障碍。但是很明显，仔细修剪过的美丽的指甲对贝贝蒂来说，极为重要。所以在开始教她课时，施瑞克夫人根本没有提到指甲的问题，也不想打击她学钢琴的愿望。第一堂课结束后，施瑞克夫人觉得时机已经成熟，就对贝贝蒂说："你有很漂亮的手和美丽的指甲。如果你要把钢琴弹得如你所想要的以及你所能够的那么好，你可以能把指甲修短一点，这样你就会发现把钢琴弹好真是太容易了。贝贝蒂，你好好地想一想。"贝贝蒂当时笑了笑，做了一个鬼脸。出乎意料的是，第二个星期，当贝贝蒂来上第二堂课时，她真的修短了指甲。其实，贝贝蒂的指甲很美丽，要命令她把指甲修短可以说是非常困难的，但施瑞克夫人传达了这样一种情感：我知道把指甲修短不是一件容易的事，我很同情你，但在音乐方面的收获将会使你得到更好的补偿。

俗话说："一人之辩重于九鼎之宝，三寸之舌强于百万之师。"一个人的口才有时候能起到举足轻重的作用。在人生成功的征途上，口才会是你终生的伴侣，会提高你成功的概率，关键时刻，它能够起到决定性的作用。

会说话的女人是最出色的，能充分展现自己的才华，更好地生存和发展。一位成功的女性必定会在言谈中闪烁着真知灼见，给人以睿智、精辟、深邃之感。作为女人，如果没有美丽的外貌，你也不要为此耿耿于怀，完全可以通过不断修炼、完善自己的口才，来为你的气质和魅力加分！

女人要懂基本的谈吐礼仪

每个女人说话的效果都会千差万别，原因在于说话的方法，说话能力的差异，也就是说话水平的高低。在今天这样的文明信息时代，探讨学问、接洽事务、交际应酬、传递情感等都离不开口才。

要想成为一个让人无法拒绝的女人，就得会说话、有口才。有口才的女人不但要能口吐莲花，受人欢迎，而且要遵守基本的谈吐礼仪。

1.女人要讲谈吐礼仪

谈吐礼仪要求女人在讲话时要用有魅力的声音，给人以美的享受。要使自己说话的声音充满魅力，这需要每天不断地练习。首先在与人谈话时，音量要大小适中，语调柔和，避免粗粝尖硬的语气。其次讲话速度要快慢适中，给他人留下稳健的印象，也给自己留下思考的余地。

注意音调的高低起伏、抑扬顿挫，可以增强讲话效果。在说话时要吐字清晰，声音响亮圆润，避免含糊其辞和咬舌的习惯。练习让自己的嗓音更甜美，更标准，自然地表达丰富的思想感情。

2.谈吐文雅

谈话文明礼貌的基本原则是尊重对方和自我谦让。谈话中要给对方认真、和蔼、诚恳的印象，如果心不在焉就是失礼，会引起别人的反感。

在谈话中不要流露出对别人的轻视和傲慢的姿态，即使自己比别人有优越的方面。只有由衷地真诚地对人尊重，才能在语气上表现出恭敬之情。只有用语言表达相互尊重，才会更好地与人和睦相处。

3.多使用礼貌用语

谈话中对他人多使用敬语、敬辞，对自己用谦语谦辞，会分外显得有礼貌，有修养。女人说话应该是文雅的，而不是粗俗。

在一些正规的场合以及有长辈或女性在场的情况下，谈吐文雅能体现出女人的文化素养。言谈举止彬彬有礼，人们就会对良好的个人修养留下深刻的印象。比如，在待人接物中，可以多说"请""谢谢""慢走""您好"等礼貌用语。

在不同的场合以及不同的人面前应正确运用礼貌用语。如在陌生人、长者、上级与朋友、熟人面前，讲话时的神态表情、声调、措辞等都要有所不同，恰当地运用会给人们的交往带来方便。陌生人初次相识，说声："您好，认识您很高兴。"彼此关系很快能融洽起来。日常的问候有助于增进人与人之间的感情。

学会把握说话的时机

孔子在《论语·季氏篇》中说："言未及之而言，谓之躁；言及之而不言，谓之隐；不见颜色而言，谓之瞽。"这段话的意思是说：不该说话的时候说，这是急躁；应该说话的时候不说，这是隐瞒；不看对方的脸色变化，便信口开河，这是闭着眼睛瞎说。这就说明我们在说话时，务必要把握时机。

女人大多有一个共同的毛病，即在不必要的场合中让自己拥有的所有话题，在一次机会中全部谈完，而等到真正需要她开口说话的时候，她已无话可说了。

具有高明说话技巧的女人总是能够很快发现听众所感兴趣的话题，并能说得适时适地，恰到好处。能把听众想听的事情，在他们想听的时间内，以适当的方式说出来，是一种无与伦比的才能。要是一个人不顾及听众的心态，不注意周边的环境气氛，或是在不该说话时抢着说话，都极有可能会引起对方的误解，甚至反感。

《战国策·宋卫策》中记载了这样一件有趣的事情。

有一个卫国人迎娶新娘，新娘一坐上车，就问："驾车的三匹马是家里的吗？"驾车人说："借来的。"新娘就对驾车人说："要爱护马，不要鞭打它们。"车到了夫家门口，新娘一边拜见公婆，一边吩咐随身的仆人："快去把灶里的火灭掉，要失火的。"等她走进屋内，见了石臼，又说："让人把它搬到窗台下边，放在这会妨碍人走路。"夫家的人听了她的话，都觉得十分可笑。

这位新娘的三句话都是至善之言，可为什么反被人笑呢？原因就在于说话的时机——在她刚刚过门，而且还在举行婚礼时，就指使这指使那的，即使语气再温柔，别人也总觉得好笑——也就是她没有掌握好说那三句话的时间和场合。因此，要想取得好的说话效果，除了会说之外，还要与当时的环境相吻合、相协调。

黎倩所在的公关部只有7个人的编制，注定有一人被裁，加上部门经理位置一直空缺，更导致了内部斗争日益升级，甚至有人挖空心思抢夺别人客户。

有一天，一家大型合资企业派人来到公司参观。一旦和这家大客户签下长期供货合同，公司至少半年内衣食无忧。不过，这些参观者中有几个日本人，不懂汉语和英语，这让公司领导有些措手不及。因双方语言沟通困难，场面显得有些尴尬。

就在领导焦头烂额之际，黎倩自告奋勇说自己可以同日本客人交谈。于是领导非常高兴，让黎倩陪同客人参观并介绍公司情况。她凭借熟练的日语、对业务的深入了解和丰富的谈判技巧，终于顺利地签下了大单。

黎倩的表现让领导对她大加赞赏，公司上下也都对她另眼相看。一个月后，黎倩顺利升任公关部经理。

说话要懂得把握时机。做到这一点，你得有耐性，不应急躁；但也不该一味地等待，什么事也不再做，而是要为关键时刻的到来做好一切准备。同时，你得有很强的观察力，观察别人的表情，洞察他人的想法，也得观察整体的谈话气氛。否则，你所有的希望都会化为泡影。

看准对象，把话说到心坎上

会说话的女人之所以受人欢迎，是因为她能够根据不同的人物、不同的情况、不同的地点，变换自己说话的语气和方式，通俗一点说，就是有"见人说人话，见鬼说鬼话"的本领。

格林夫人有一位不好对付的房客，他的租约尚未到期，却通知格林夫人自己将要搬出去。因为这段时间的房子并不好出租，格林夫人不想让那位房客离开。虽然她可以对房客指出，如果他搬家，他房租的余款将不退还。但格林夫人并没有那样大闹一场，她决定试试其他战略。

格林夫人对那位房客说："我已经听到你的话了，但我不认为你会搬走。先生，我从事租赁业多年，学会了观察人们的本性。我认为你是一个信守诺言的人，因此我情愿来冒个险。

现在我有一个建议，请你把搬家的事先放几天，再仔细想一想。如果到了下个月初，你仍然打算搬家，那我向你保证，会给你搬家的权利，并承认我的判断错了。但现在，我坚持相信你是一个遵守诺言的人，一定会住到租期届满为止。毕竟，这项选择全在我们自己！"

格林夫人向这个房客提出了挑战，笃定这位房客是个守信用的人。那么房客又怎么能不接受这个挑战呢？过了几天，这位房客就打电话给格林夫人，表示自己不搬了。

这却说明了一个道理，那就是欲收到理想的表达效果，就应当看对象的身份说话，对什么人，说什么话，精心地选择说话的内容和方式。如果不看身份说话，对方听起来就会觉得别扭，甚至产生反感，那势必会影响交际效果。

如今，我们交际的圈子越来越大，所面对的交际对象也是性格迥异，因此我们要学会根据别人的潜在心理说话，把话说到对方的心坎儿上。

爱丽丝酷爱诗，她读过大诗人罗斯迪所有的诗，还写了一篇演说词，来歌颂罗斯迪在诗歌方面的艺术成就，并将它送给了罗斯迪本人。罗斯迪见了，当然十分高兴，说："对我的诗歌有如此高深的见解，一定是一个非常聪明的年轻人。"

于是，罗斯迪将爱丽丝请到家中来，并让她担任了自己的秘书。对爱丽丝来说，这可是改变她人生道路的难得机会——

凭借这一新的身份，她接触了当代许多著名的文学家，受到他们的鼓励和激发，接受了很多有益的建议，开始了自己的写作生涯，最终名闻世界。

虽然人人都会说话，但说得好与坏，是否恰到好处，并非是人人皆会的。得体的话会给你带来融洽的人际关系，不得体的话语则会成为你前进道路上的绊脚石，两者有着天壤之别。人类语言交流的实践证明：表达同一思想内容，只有在不同的交际场合要求采取与之各自相应的语言形式，才能达到令人满意的交际效果。

作为女人，从称谓到措辞组句，从语气到表达方式，都应该不失身份，恰当得体；同时，只有学会对不同的人说不同的话，才能"言"到功成，把话说到对方的心坎儿上，成为最后的大赢家！

赞美是照在心上的一缕阳光

赞美是一种有效的交往技巧，能有效地缩短人际心理距离。莎士比亚曾经说过这样一句话："赞美是照在人心灵上的阳光。没有阳光，我们就不能生长。"所以，在人与人的交往中，适当地赞美对方，会增强和谐、温暖和美好的感情。

回忆我们自己的成长经历，谁没有热切地渴望过他人的赞美？既然渴望赞美是人的一种天性，那我们在生活中就应学习和掌握好这一生活智慧。

赞美是发自人内心深处的、对他人的欣赏回馈给对方的过程，赞美是对他人的关爱的表示，是人际关系之中一种良好的互动过程。当内心中充满了对他人的爱护时，赞美就会油然而生。当我们能够体验到来自内心深处对他人真诚的关爱时，我们对他人的赞美就会显得恰如其分，自然而然。

那么，怎样赞美别人才是合适的呢？

1.赞美之词要实事求是

在和人交往的过程中，适当地赞美别人是有礼貌、有教养的表现，不仅可以获得好人缘，而且还可以使双方在心理和情感上靠拢，缩短彼此之间的距离。因为这些适当的赞扬，常常会由此提高了他人的尊严，更有利于改善自己的人际关系。

"你要别人具有怎样的优点，你就要怎样地去赞美他。"实事求是而不夸张的赞美，真诚的而不虚伪的赞美，会使对方的行为更增加一种规范。同时，为了不辜负你的赞扬，他会在受到赞扬的这些方面全力以赴。赞美具有一种不可思议的推动力量，对他人的真诚赞美，就像荒漠中的甘泉一样让人心灵滋润。

在你想赞美一个人的时候，随口称赞是不好的，一定要表现出一种足以使对方认为"称赞得有理"的热诚，而且所称赞的一定是一个无可争议的事实。不管称赞别人什么品质，都要实事求是，而不是挖空心思揣测。如果你想赞美一个人而又实在找不出他有什么值得赞扬的地方，那么，你可赞美他的家庭、他的工作或和他有关的一些事物。

在平时生活中，不伤体面的事我们不妨迁就别人，但涉及问题的本质时，该拒绝就拒绝，该同意就同意，这在与人交往的过程中十分重要。不然的话，若是一味地恭维，那么，我们迟早会在人们之间的正常交往中失去地位，成为人们眼中拍马奉承的人。

2.赞扬的话要恰到好处

人们更喜欢被取悦，而不是被激怒；喜欢听到褒奖，而不是被对方恶言相向；更乐意被喜爱，而不是被憎恨。因此，仔细地加以观察，就能投其所好，避其所恶。

赞扬别人要恰到好处，很多人都不太了解这其中的学问。这是因为你还不是十分了解人们多么希望自己的想法及喜好能获得支持，特别是企望明明是错误的想法，甚至是自己的小缺点，能得到他人的谅解与认同。如果我们只考虑自我的想法便对他人的习惯及服装等方面挑毛病，必然会对他人造成伤害；反之，若能加以认同，别人则会感到无限的欣喜。

为了使对方高兴，你可以在褒奖办法上略施技巧，那就是在背地里夸赞对方。当然，若你只是在暗地里称赞对方但他却一无所知，那就一点意义也没有了，你要想办法将你的夸赞通过巧妙的方式确实地传达到对方的耳朵里。

在这里要注意，慎选传达讯息的人很重要，你所挑选的人最好是通过传递此一讯息也能获益的人。如果你选有此企图的人做信使，他不仅会确实地传达你的讯息，还有可能更加渲染几笔，更加突出你赞语的效果。

3.真诚的赞美有奇效

有一个喜剧演员做了这样一个梦：自己在一个座无虚席的剧院给众多的观众表演、讲笑话、唱歌，可全场竟没有一个人发出会意的笑声和鼓掌。"即使一个星期能赚上10万美元，"他说，"这种生活也如同下地狱一般。"

事实上，不只是演员需要掌声。如果没有赞扬和鼓励，任何人都会丧失自信。可以这样说：我们大家都有一种双重需要，即被别人称赞和去称赞别人。真诚的赞美会触动每个人。

这里要记住的是，虚伪地赞扬别人是不行的。比如你看到一个并不帅气的男孩，不能称赞他太英俊。因为这样，他会觉得你是在故意戏弄他或是你太虚伪。这所起的效果实在太糟糕了。其实你不一定要称赞他帅气，你可以改为称赞他才华或有某种特长也是可以的。

仔细观察、细心体会并敏锐地抓住他人喜爱的话题。通常，自己想要被称赞、希望被认定为优秀的地方，往往会出现在最常见的话题里。也就是说别人乐此不疲经常提到的话题，或经常展现的学识便是他自以为优越的地方，只要抓住这一点，就能一举制胜。

真诚地赞美别人，能帮助我们消除在与人交往中产生的种种摩擦和不快，这一点在家庭生活中体现得最为明显。妻子或丈夫如能经常适时地讲些使对方感到高兴的话，那就等于取得了最好的结婚保险。孩子们总是特别渴望得到别人的肯定，一个孩子如果在童年时代缺少家长善意的赞扬，那就可能影响其个性的发展。

在现实生活中，有相当多的人不习惯赞美别人，或得不到他人的赞美，从而使生活缺乏许多美的愉快情绪体验，这不能不说是人生的遗憾。女人，学会赞扬，在给别人一份真诚和温暖的同时，也给自己一份愉快的体验。

努力做到嘴下有卡脚下有路

在人际交往中，说话的艺术是非常重要的。正所谓"话多必失"。女人要懂得有所言、有所不言的道理。会说话的女人，说话时，总是三言两语见好就收，不忘给对方留下一定的余地；不懂得说话的人，往往总是不肯善罢甘休，非要将对方批评得体无完肤不可，结果是过犹不及，往往将事情推到了反面。所以，我们在生活中要掌握说话的技巧，要学会点到为止。

张莉发现丈夫对自己越来越不够重视了，白天他忙着工作，忙着应酬，晚上回来又忙着看电视、上网、聊天、看小说，连跟自己说话的时间都没有了，更别提关心自己和孩子了。张莉一直想和丈夫商量着把孩子送幼儿园，却一直没有机会和丈夫谈。

一天晚饭后，张莉问丈夫："晚上准备做什么呢？"

"看电视呀，新闻时间马上就到了。"

"看完电视以后呢？做什么？"

"嗯，我想想，对了，一个老朋友今天约我上网呢，好久没见了，他刚买了电脑，想和我聊会儿。"

"然后呢？"张莉问。

"没有了。"

"那当你办完这些事之后，能不能帮我做点儿事呢？"

"好啊，什么事？"丈夫答。

"陪我聊一会儿，我想给你说说孩子的教育问题。"

丈夫一听，立刻认识到自己的错误，向她道歉说："亲爱的，对不起，最近我对你关心不够。"

多数女人有了不满的时候，总是容易抱怨，而抱怨并不能让对方接受，甚至会对你产生反感。那么，不如换个方式，用一种温和的方式把你的不满表达出来，这样对方更容易接受。张莉讲究说话的技巧。她没有直接表明自己的态度，很委婉却达到了预期的目的。

英国思想家培根就说过："交谈时的含蓄与得体，比口若悬河更可贵。"在社会交际中，人们会遇到不便直言之事，往往用隐约闪烁之词来暗示。

美国经济大萧条时期，一位女孩很幸运地在一家高级珠宝店找到了一份售货员的工作。这天，店里来了一位衣衫褴褛的年轻男人，只见他满脸悲愁，双眼紧盯着柜台里的宝石首饰。

这时，电话铃响了，女孩接电话时不小心碰翻了一个碟子，里面的6枚宝石戒指散落在柜台上。女孩慌忙拾起其中的5枚，但怎么也找不着第6枚。此时，她看到那位年轻男人正诚惶诚恐地向门口走去，立刻意识到那第6枚戒指在哪儿了。情急之下，女孩叫住他，说："对不起，先生！"

那位年轻男人转过身来，问道："什么事？"看着他抽搐的脸，女孩一声不吭。年轻男人又补问了一句："什么事？"女孩这才神色黯然地说："这是我的第一份工作，好心的先生，现在找工作很难，是不是？"年轻男人很紧张地看了女孩一眼，慢慢地，他抽搐的脸上浮现出一丝轻松，回答说："没错，的确如此。"女孩说："我想要是把我换成你，你也会在这里干得很不错！""也许吧，"那位年轻男人终于退了回来，并把手伸给她，说："我可以祝福你吗？""当然！"女孩也立即伸出手去，两只手紧握在一起，接着，女孩以十分柔和的声音说："也祝你好运！"那位年轻男人转身离去了。女孩走向柜台，轻轻地把手中握着的第6枚戒指放回原处。

这原本是一起盗窃案，按照惯常的处理方法，不外乎大呼大叫，大动干戈。而这位女孩却用一番彬彬有礼的言语暗示，使小偷主动归还了偷窃的财物。试想一下，如果这位女孩大喊大叫，能有这样完美的结局吗？绝对不可能。说不定，她还会因此受到伤害。

人们常说："敲鼓敲在点子上。"说话亦如此。如果能够把话说到对方的心坎上，即使再不乐意，对方的心也会在瞬间化解而愿意提供帮助。

陈倩是一个银行职员，27岁了仍然单身，她的朋友帮她介绍了一个对象汪辉。约会的时候，汪辉是充满自信的，他的条件优越：外语学院毕业，后又出国进修，目前开着一家翻译公司。但这份春风得意却让陈倩很不自在，汪辉过分的彬彬有礼更让陈倩不习惯。

晚上回到家后，陈倩便接到女友的电话，女友说，汪辉对她印象好极了。接着，汪辉的电话也打进来了，试探陈倩的态度。陈倩想了想，说："你很优秀，而我不过是一个普通的女孩，我觉得你应该找个比我更优秀的。"

对自己的失败，汪辉是意外的。对于这类成功男人，陈倩的拒绝方式是对的，就是先夸捧他，然后告诉他，自己害怕"高处不胜寒"。这样既没有伤害对方的自尊心，又达到了自己的目的。

因此，女人说话必须讲究技巧，做到嘴下有卡。要想获得为人处世的成功，最好点到为止。学会在说话时巧妙地拐个弯儿，千万不要"乱放炮"。因为每个人都需要自尊，需要面子。直来直去，实际上就是"不给面子"，使对方心中不快，以致造成双方关系破裂，甚至反目成仇。说话要善于洞悉谈话的情境，这样才会使你的语言得心应口。

恰当的自嘲，风趣地化解尴尬

人非圣贤，孰能无过？无论一个女人的心思再怎么细腻，做事再怎么谨慎，也难免会有疏忽的时候，她不可能事事都做得完美，总会有意无意间犯一些错误、说错一些话，或是不小心得罪了别人，虽然主观上并不愿如此，但客观上却让气氛变得凝重，面对这样的尴尬境遇，该怎么处理呢？

有些女人比较羞涩，遇到尴尬的事，慌张得不知所措，只懂得掩面而泣，或是匆匆走掉。其实，越是这样越会遭人耻笑。真正会处世的女人，不会任由尴尬继续下去，她会在别人开口指责、生气发怒、嘲笑讥讽之前，自贬自抑，放下自己的架子，大胆地自嘲，赌住别人的嘴巴，为自己争取主动权。

千万不要觉得，自嘲是一件多么丢脸的事。事实上，女人敢于自曝其丑，恰恰展示了内心的坦诚和大度，给人值得信任和亲切的感觉。有时候，羞羞涩涩、敏感多疑地维护自尊，倒不如坦荡地正视自己的问题，既融洽了气氛，还可以从侧面展示出自信与自尊。

一位女设计师，因为工作太辛苦，开会时竟然睡着了。令人发笑的是，她的鼾声很大，逗得与会者哈哈大笑。女设计师醒来后，发现周围的同志都在笑话自己，自然也知道怎么回事了。某同人说："没想到你一个柔弱的女子，能打出这么有水平的'呼噜'。"她笑着说："这可是家传秘方，你看到的不过是凤毛麟角，真正高水平的还没发挥呢！"这句逗笑的话，顺利地帮她解了围。

不谙世事、口无遮拦的女人，遇事往往喜欢责备他人，试图用这样的方式来给自己找台阶；通情达理、会说话的女人，遇到尴尬的事时会以自己为对象来取笑，在欢笑与风趣中，感动别人，获得自尊和自爱。自嘲表面上是嘲弄自己，实际上却是一种摆脱尴尬的应变奇术。

一位著名的女主持人，当年受邀为一次大型文艺晚会担任主持人，在晚会上，不小心在下台阶时摔了一跤。现场有数千位观众，还有不少名家，出现这样的情况实在太令人尴尬。就在许多人都为女主持人捏了一把汗时，只见她非常淡定地爬了起来，凭借着自己特有的口才，笑着对台下的观众们说："真是马有失蹄，人有失足啊！我刚才狮子滚绣球的节目，滚的还不熟练吧？看来，这次演出的台阶不是那么好下的呢！但是，台上的节目会很精彩，不信你瞧他们。"话音刚落，台下就响起了热烈的掌声。

碰到过类似情况的，还有一位女歌手。她在华丽的舞台上深情演唱，不少人为之动容，可就在曲毕谢幕时，她还没走出两步，就被麦克风的线绊倒在地，华贵的衣装、娇美的身躯，与当时的狼狈状形成鲜明的对比，观众一片哗然。

女歌手并未露出慌张的神色，她急中生智地站起来，拿起话筒说了一句："我真的为大家的热情倾倒了。"这番高明的自嘲之语，瞬间让杂乱声化作了笑声和掌声，女歌手也成功地为自己挽回了面子。

有时候，女人也会因为自身的长相、身材苦闷惆怅，担心别人异样的目光，对涉及此方面的话题敏感不已，久而久之，就被狭隘的自尊心理束缚了。对于这样的事，与其躲躲闪闪、避而不谈，倒不如表现得超脱一点，自嘲自讽，宽慰自己，不仅能缓解烦闷的心情，还能避免别人笑话自己，显现出一种豁达和自信。

有位女演员，体型肥胖，但她从不在意别人异样的目光，就算偶尔有人提到身材保养的话题，她也表现得很坦荡。还时常拿自己的体型开玩笑。她曾经当众说："我可是天下第一大好人，每当我给人们让座时，我的一个座位，足以坐下三个人。"一句自嘲，不仅没有降低女演员的品位，反让人觉得她性格可爱、爽朗。

鲁迅先生说过："我的确时时解剖别人，然而更多的是更无情面地解剖我自己。"

解剖自己需要勇气，自嘲同样需要勇气和魄力。一个懂得自嘲、敢于自嘲的女人，内心一定是自信而开阔的，她的自嘲绝非玩世不恭，而是包含着强烈的自尊和自爱。她能在众人面前，用轻松而自然的神情、幽默而智慧的话，把自己的缺点和错误坦白地说出来，定是有一颗强大的内心，才可以泰然自若地面对所有。这不是女人最美、最吸引人的地方吗？

女人要会说，也要会听

大多数女人都喜欢自己说，喜欢谈论自己的事情，而不在意别人说，也没有耐心听。她们经常在没有完全"听懂"别人的前提下，就盲目下判断，因此出现了人际交往中难以沟通的情况，形成交流的障碍和困难。因此，聪明的女人要学会倾听他人的声音。

一次晚会上，西尔斯小姐结识了一位年轻的绅士。对方知道西尔斯小姐刚从欧洲回来，就对她说："啊，听说你去欧洲游玩，一定到过许多有趣的地方，能讲讲吗？要知道，我小时候就一直梦想着去那儿旅行，可是到现在都没能如愿。"

西尔斯小姐一听，就知道这位年轻的绅士是一位健谈的人。她知道，如果让这样的人长久地听自己说话，他心中定是憋着一口气，对你的话会变得毫无兴趣，不时要打断你的谈话。她明白，对方是想从自己的话中寻找一些契机好开始自己的谈话。

于是她说："是的，欧洲有趣的地方可多了，但我很喜欢打猎，欧洲打猎的地方就只有一些山，很危险。真遗憾那里没有大草原，要是能在草原上骑马打猎，该有多惬意呀……"

"大草原，"年轻的绅士立刻打断了西尔斯小姐的谈话，兴奋地叫道，"我刚从南美阿根廷的大草原旅游回来，真是太好玩了！"

"真的吗，听上去就很不错！你能给我讲一讲大草原上的风景和动物吗？"

"当然可以，"遇到倾听者，年轻的绅士当然不会放过这个机会，"阿根廷的大草原可美了……"他滔滔不绝地讲起了在大草原上的旅行经历。然后在西尔斯小姐的引导下，他又讲了沿途旅行的国家的风光，甚至到了最后，这场谈话变成了他对自己从小到大去过的美好地方的追忆。

西尔斯小姐在一旁耐心地听着，不时微笑着点点头鼓励他继续讲下去。这位年轻的绅士讲了足足有两个小时，晚会结束时，他遗憾而又愉快地对西尔斯小姐说："谢谢你让我度过了这样美好的一个夜晚！希望下次还会见面，我会继续给你讲，还有很多很多呢！"

整个晚上，西尔斯小姐只说了几句话，然而，这位年轻的绅士却跟晚会的主人说："西尔斯小姐真会讲话，她是一个很有意思的人，我很乐意认识她。"

其实西尔斯小姐知道，像这样的年轻人，并不想从别人那里听到些什么。他心里很想将自己所知道的一切全都讲出来，如果别人愿意听的话。他想做的，只是倾诉；他所需要的，仅仅是一双认真聆听的耳朵。对于这种谈话者，如果我们不加以配合，而是企图堵住他们的嘴巴，那结果只会招来厌烦的表情。

倾听是对别人最好的尊敬。专心地听对方讲话，是你所能给予对方的最有效，也是最好的赞美。不管说话者是亲人、朋友、领导或者下属，还是其他什么人，倾听的功效都是同样的。

某电话公司曾碰到过一个蛮横的客户，这位客户拒绝付某项电信费用，怒气冲冲地威胁说要拆毁电话，并对工作人员破口大骂。他一口咬定那项费用是不公正的，并扬言要写信给报社，并向消费者协会提出申诉，总之要到处告电话公司的状。

为了解决这一麻烦，电话公司派了一位最善于倾听的调解员去见这位难缠的人。这位调解员静静地听着那位暴怒的客户大声"申诉"，对他表示同情，让他尽情地发泄不满的情绪。就这样过了3个小时，调解员一直非常耐心地静听着。此后，这位调解员还两次上门继续倾听他的不满和抱怨。

当调解员第四次上门去倾听顾客的牢骚时，对方已经完全平息了怒火，而且把这位调解员当作好朋友一样地看待了。最后，这位蛮横的客户不仅撤销了向有关部门的申诉，还付清了所有该付的费用。

看，这就是倾听别人说话的效果。上文中的调解员利用了倾听的技巧，友善地疏导了暴怒顾客的不满，不但解决了矛盾，而且成为顾客的朋友。可见，倾听的确可以产生意料不到的效果。因此，女人在生活中要善于倾听朋友、下属、领导和父母的种种意见，做一个善于倾听的人，做一个好的听众。它能让你更快地交到朋友，赢得别人的喜欢。

Part 5

学点为人处世的艺术，积攒好人品

——广结善缘，大家心甘情愿来帮你

女人要想成为社交场中的耀眼明星，就要保持优雅从容的风度，用自身的魅力来赢得周围人的青睐和尊重，通过魅力来维系彼此间的友谊，扩大人际圈。在社交圈中，优雅从容的女人，要比容貌靓丽的女人更容易令人倾心和难忘。

亮出你自己，初次见面就讨人喜欢

为什么有些人一出场就会赢得全场人的喜欢，哪怕这个人不被别人所认识？心理学专家进行过长时间的研究，最终得出结论：每个人都有受重视的愿望，别人肯定的目光也是每个人都想得到的。每个人都在不断地努力和追求，以此获得他人的认同。

对于女人来说，初次见面留给他人的印象很重要。无论是哪个女人，和知心朋友见面都会很开心和放松，然而和素不相识的人会面总会感到局促和紧张，并且顾虑重重。

和初次见面的人面对面谈话，是一件不好受的事。因为两人之间的视线极易相遇，而导致两人之间的紧张感增加。因此，在见面之前，最好先拟订好一套推销自己的计划，按部就班地实施。

巧妙地介绍自己的名字。与人初次见面时，想让对方记住自己，最简单的办法就是让对方记住自己的名字。比如，你可以对自己的名字做一个简单但容易被别人记住的介绍："我姓王，国王的王，每个人都是自己世界的国王！"

呼叫对方的名字。欧美人在说话时，常说："史密斯先生，来杯咖啡好吗？""史密斯先生，关于这一点，你的想法如何？"将对方的名字挂在嘴边。

令人不可思议的是，此种做法往往使对方涌起一股亲密感，宛如彼此早已相交多年。其中一个原因就是，他感受到对方已经认可自己。

记住对方所说的话。尤其是兴趣、嗜好、梦想等，对对方来说，是最重要、最有趣的事情，一旦提出来作为话题，对方一定会觉得很愉快。招待他人或是主动邀约他人见面，事先多少都应该先收集对方的资料，此乃一种礼貌，也更容易引起别人好感。

不过分掩饰自己。不要掩饰自己，把自己真实的性格展现给对方。我们不想让对方看透自己，觉得对方发现自己的弱点是个糟糕的后果，可是，这样做的结果是你束缚了自己，也不可能畅所欲言、自由表现。把性格的真实一面展示给对方，就不会有太多的顾虑了。

坐在对方旁边的位置。和初次见面的对方要增加亲切感时，最好避开和他面对面的交谈方式，而应尽量坐在他旁边的位置。

与人初次见面，获得别人好感的不二法门自然是把话说得巧。通常那些社交关系广泛的女人，都是言谈灵活，初次见面就能给人好印象的女人。

社交有方，交心为上

如果单纯地认为有人脉就是交往的朋友多，那么做营销工作或公关工作的人都应该是最有人脉的人。但现实情况并非如此，一个人是不是真的有人脉是有诀窍的。凭借三寸不烂之舌和出色的交际手腕，可以让很多人成为"认识的人"，但并不一定能找到很多"贵人"。大致上来说，拥有良好人脉者的共同点是真心待人。

美国作家比尔·肯尼斯在《不会落空的希望》一书中写道："当初，我们以为可以信赖军方，后来却爆发了越战；我们以为可以信赖政客，后来却有了水门事件；我们以为可以信赖股票经纪人，结果却有了黑色星期一的报道；我们以为可以信赖牧师，却有不肖神职人员史华格。如此说来，这天底下有谁能值得我们信任？"毫无疑问的是，这个名单可以毫不费力地一直列举下去——这个世界有太多问题，使得人与人之间的信赖逐渐瓦解。然而，要想获得别人的信任，你唯一应记住的原则就是：真诚地对待他人。

　　有一个喜欢交际的女孩，她谈吐幽默，总是能逗周遭的朋友开心，对陌生人也亲切热情，因此人们往往对她有很好的第一印象。但仔细观察，你就会发现一个奇怪之处——她的身边总是围着很多人，但真正和她深交的却没有一个。所以每到关键时刻，这个女孩总是显得很孤独。后来才知道，是因为她有表里不一的坏习惯。有个女孩的熟人说，她曾与自己的男友偷偷约会，所以绝交了；还有人说，她喜欢在人前充当好人，背后却因为一点点个人利益而恶意毁谤，因此关系决裂了。几乎每一个和她走得近的人都被她在背后捅过一刀，因此朋友们都离她远去，只有那些和她不远不近的人，还围绕着她寒暄。

　　懂得交心是社交的上上策。市面上教导你做好人际关系的书籍多得数不胜数，其中秘诀，就是真心对待朋友。不要认为你请一顿饭，就会对你产生好感。用努力、用真心去理解别人，比一顿饭、一个小礼物更为重要。关心他人与其他人际关系的原则一样，必须出于真诚。不仅付出关心的人应该这样，接受关心的人也理应如此。它是一条双向道，当事人双方都会受益。努力传达对别人的关心，就算方法再笨，对方也会记住你的真诚。但如果没有半点真诚，那阅读几百本书籍也不过是看了一堆没用的文字而已。因此，不要试图用什么诀窍来寻找真正的朋友。要知道，再迟钝的人，也有感受真心的能力，不会因为你的雕虫小技而留在你的身边。

爱丽住在一个高档社区里，因为平日繁忙，和邻居们没什么来往，一直没交到朋友。她家楼下住着一个女孩，虽然经常遇见，却一直没有适合的机会结交。直到有一天，爱丽去小区附近的超市，走在她前面的正是楼下的那位女孩。那个女孩推开沉重的大门，一直等到她进去后才松手。当爱丽道谢的时候，女孩说："我妈妈和您的年纪差不多，我只希望她遇到这种情况时，也有人为她开门。"从此，爱丽就和女孩一家有了往来，生活也变得越来越温馨。

古人云："劝君不用镌顽石，路上行人口似碑。"口碑是雕刻于心灵的记忆，因此"金杯""银杯"不如好口碑。让我们怀着敬畏之心去审视自己，用心做事、真诚待人，以至诚的心去赢得人们的尊重和喜爱。

真诚地对待生活中的每一个人

有一条著名的人脉法则是：成功，不在于你是谁，而在于你认识谁。

女人要想获得自己期望的成功，就要有广泛的人脉圈。在广大的人脉圈中，要建立和维系起来也是需要技巧和能力的。生活就像山谷回声，你付出什么，就得到什么；你耕种什么，就收获什么。而人脉同样也遵循着这种因果关系，你真诚地对待别人，同样你也会收获别人的真诚。

我们每个人，在自己所接触的人中，会有各种各样的人，他们中有与自己合得来的，也有合不来的。虽然我们有权利选择和什么样的人来往，甚至可以尽量不和自己性格不合的人交往，但是，这绝不是一个英明的选择。因为无论在任何时候，我们都生活在一个社会之中，这就注定必须和这样那样的人相处，因此，我们只有积极主动地努力适应对方的性格特点，真诚地对待身边的每一个人，才能建立良好的人际关系。

在人际关系上经常出问题的人，大多都是放弃了这样的努力：没能积极主动地去适应别人的性格特点。自己不做出让步，去努力适应别人，却一味地批评别人"那个人有缺点……""这个人令人讨厌……"这样就不可能与别人建立良好的人际关系。与合得来的人能建立起良好的人际关系，谁都能做到。可是，如果是性格合不来的或自己讨厌的，也应该努力适应他们，真诚地对待他们，并和他们建立起良好的人际关系，这才可以说是一个出色的"外交家"。

与人相处，要认清对方的特点，然后采取适宜的交往法则。比如，对于心思比较细，重视礼节的人，若采取无所顾忌的粗鲁的方法，那你们之间就不可能建立起和谐融洽的关系。相反，对于不拘小节的人，过于小心谨慎地应对，对方会很厌烦，自然也不会建立起良好的人际关系。要想使自己的人际关系和谐，要想使自己轻松愉快地工作，那就一定要努力适应别人，采取与之相应的交往法则。

对于女性朋友来说，为了与自己性格合不来的人建立起良好的人际关系，平时多用心、多留神是非常必要的。在掌握了人际关系基本常识的基础上，无论遇到任何事，都要试着改变一下自己的思维，改变一下自己的观点、看法。做这些努力对彼此之间关系的好转大有作用。

人际交往中的真诚不等于双方直接简单、毫无保留地相互袒露，它要求我们本着善意和理性，把那些真正有益于对方的东西送给对方。

要把握住一点，真诚的核心和灵魂是利他，也就是与人为善。如果对别人来说，"谎话"更适宜和容易接受，又不会伤害任何人的利益，我们不妨放弃对"完全诚实"的固执；但在任何时候，都绝不能为了个人利益而放弃诚实。那些经常为私利表现不诚实的人是不会获得成功的。一个人对其他人表现出完全的不诚实时，在钱财方面是有可能获得成功的。但是，他绝对不可能永远自欺欺人。

在生活中要做一个真诚的人不容易，因为它来不得半点虚假和功利，需要实实在在地付出、奉献。一个处处为他人着想，绝不为个人利益放弃诚实的人，人人都会真诚接纳他，愿意和他交往。所以要想给人留下好印象，最要紧的是"恰当地真诚"。这是女性朋友们在人际交往中要把握的一条重要准则。

设身处地为他人着想

所有的人都懂得处理好人际关系的重要性，但尽管如此，大多数人都不知道怎样才能处理好人际关系，甚至相当多的人错误地认为拍马屁、讲奉承话、请客送礼，才能处理好人际关系。其实，处理人际关系首先要做到的是，学会真正地去欣赏他人和尊重他人。

人类个体千差万别，而世界也正是因此而丰富多彩。由于每个人的先天禀赋及后天经历的不同，使得每个人的个性都很不一样。所以，要与人和睦相处，就要尊重别人的性格和个性。有的人急躁，有的人沉稳；有的人热情开朗爱热闹，有的人冷漠好静喜独处；有的人精明强干工于心计，有的人则质朴厚道大大咧咧；有的人率真明快，有的人则深藏不露。每个人的个性没有优劣之分，这就决定了在交际中不能用一种标准来要求所有的人，尊重他人的性格特征是人际交往中最基本的准则。

但是，有的女性朋友在人际交往中，不愿意体谅对方的个性特征，只是从主观愿望出发，认为自己所喜爱的别人也喜爱，自己所厌恶的别人也厌恶，因此总是与别人发生矛盾和冲突，致使感情不和。面对多样性的个性，在人与人的交往过程中也必须采用多样性的方法和手段。尊重别人就要从尊重个性开始。

记住，别人也许是错的，但他本人并不一定意识到这一点。不要去责备他，那样做太愚蠢了。应该试着去了解别人，这样的人才是聪明、宽容的人。别人之所以那么想，一定有他的原因。找出那个隐藏着的原因，那你就拥有了解释他行为或者个性的钥匙。

试试看，真诚地设身处地为别人着想。

如果你总能对自己说："我要是处在他的情况下，会有什么感觉？会有什么反应？"那你就能节约不少时间，免去许多苦恼。因为"若对原因感兴趣，我们就不大会讨厌结果。"而除此以外，你还将大大增加为人处世的技巧。

肯尼斯·库第在他的著作《如何使人们变得高贵》中说："暂停一分钟，把你对自己事情的高度兴趣，跟你对其他事情的漠不关心，互相作个比较。那么，你就会明白，世界上其他人也正是抱着这种态度。这就是，要想与人相处，成功与否全在于你能不能以同情的心理，理解别人的观点。"

日常生活中，人与人交往难免会有不同见解，不同的见解会使言行举止有异，这些本是很正常的事情。如果多些理解，就不会因他人与己见不同而生出隔阂，进而产生矛盾。

只要不是原则性极强的大是大非问题，理解就应成为对不同见解的最好诠释。其实，正是由于人与人之间存在不同的见解，才使得我们这个世界有朝气，从而产生了许多新生事物。退一步说，自己与他人的不同见解存在，才会使得自己去从另一个角度思考问题。也许自己固有的见解原本就是错的，不科学的。正是由于他人的不同见解使自己反省，从而纠正自己错误的认识与观点，并获得新的进步。因此，正确对待不同见解，不仅不是理亏，反而是一种理智的态度。而要做到这点，所需要的就是"理解"。理解他人，理解环境，理解我们所处时代的方方面面；不固执，不偏激，不斤斤计较，更莫要为小事弄得自己心神不安，伤神又伤心。

理解是一缕精神阳光，借助这缕"阳光"，可以澄清我们的思路，净化我们的心灵，使我们在工作、学习和生活中显得更充实，更自在和更快乐。

抛弃狭隘与偏见，平等与人相处

孟德斯鸠说："人生而平等，根本没有高低贵贱之分。"我们没有权力借后天的给予对别人颐指气使，也没有理由为后天的际遇而自怨自艾。在人之上，要视别人为人；在人之下，要视自己为人。这是做人的一种基本姿态，也是为人的原则之一。

在人际交往方面，任何时候，我们都应该摒弃对他人的狭隘与偏见，平等地待人。

玫琳凯是美国著名的管理专家，在她成名之前曾是一家化妆品公司的推销员。

有一次，她参加了一整天的销售练习，很渴望能和销售经理握握手。那位经理刚刚作了一场十分鼓舞人们士气的演讲。玫琳凯整整排了3个小时的队，好不容易才轮到她和那位经理见面。但遗憾的是，那位经理根本没有拿正眼看她，只是从她的肩膀上方望过去，看看队伍还有多长，甚至根本没有察觉他要与玫琳凯握手。玫琳凯等了3个小时，就获得了这样的一个接待。她觉得人格上受到了侮辱，面子受到了伤害。于是她立志做一个经理："如果有一天人们排队来和我握手，我将给每一个来到我面前的人全然的注意——不管我当时多么疲劳。"

后来，玫琳凯的愿望真的成了现实。以她自己名字命名的化妆品公司终于成为一家具有相当规模的大企业，也有很多她的慕名者来找她握手，她确实始终坚持她以前曾发过的誓言。她说："我有很多次站在长长的队伍前，与各种人士作长达数小时的握手，一旦感觉疲劳了，我总是想起自己从前排队和那位经理握手的情形，一想起他不正眼瞧我给我带来的伤害，我立即打起精神，直视握手者的眼睛，尽可能地说些比较亲近的话……”

在人之上，要视别人为人；在人之下，要视自己为人。这不仅是一个心态的问题，也是一个道德的问题。

戴尔·卡耐基在谈到人际交往时曾指出："指责和批评收不到丝毫效果，只会使别人加强防卫，并且想办法证明他是对的。批评也很危险，会伤害到一个人宝贵的自尊，伤害到他自己认为重要的感觉，还会激起他的怨恨。"所以，他建议不要指责别人，而要"尝试着了解他们，试着揣摩他为什么做出他做的事情。这比批评更有益处和趣味，并且可以培养同情、容忍和仁慈。"

富兰克林说他做外交官成功的秘诀是："尊重任何交往对象。我不会说任何人的缺点……我只说我认识的每一个人的优点。"

人情是最经济的投资

生活在世上，每天都不可避免地与他人交往，高超的交际艺术是成功的资本，拥有良好的社交能力和高超的处世技巧，就等于拥有了成功的点金石。据统计资料表明：良好的人际关系可使个人幸福率与工作成功率达85%以上；大学毕业生中，人际关系处理得好的人平均年薪比成绩优等生高15%，比普通生高出33%；在一个人获得成功的因素中，86%决定于人际关系，而技术、知识、经验等因素仅占14%；某地被解雇的5000人中，不称职者占10%，人际关系不好者占90%。

当今社会，女性已涉入社交的各个领域，而且社交活动越来越频繁。你在家相夫教子，要学会怎样与丈夫和孩子进行平等而有效的沟通；你在外工作，要学会怎样与同事或上下级、顾客、朋友或陌路人相处等等。只要你不是生活在真空里，只要你在这个社会上生存，你就不可避免地会与人接触。

良好的社交处世能力有助于女人取得生活上和事业上的成功，一个女人拥有了端庄的举止、优美的仪态、迷人的神韵、高雅的气质，再加上内在的品格力量，便拥有了打开社交之门的魅力钥匙。

几乎所有的人都懂得处理好人际关系的重要性，但尽管如此，大多数人都不知道怎样才能处理好人际关系，甚至相当多的人错误地认为请客送礼、讲奉承话、拍马屁，才能处理好人际关系。其实，处理人际关系的关键在于你必须有开放的人格，能真正地去尊重他人和欣赏他人。

学会从内心深处去尊重他人，首先必须能客观地评价对方，看到对方的优点。人是非常容易看到别人的缺点，而很难看到别人的优点的，我们必须克服这些人性的弱点。客观地观察别人和自己，你会惊奇地发现，原来自己还有许多不足，而身边的每个人身上，无论是你的朋友、亲人、同事都有值得你尊重、令你佩服的闪光之处。我们不能因为别人有一点比你差的地方就去否定别人，而应该因为别人有一些比你强的优点而去欣赏和尊重别人，肯定别人。在行为上以他们的优点为榜样，并发自内心地去欣赏和赞美他们，这时你就达到了处理人际关系的最高境界。换个角度想，若有人对你有毫不虚假的发自内心的欣赏和尊重，你肯定会由衷地欢喜并与之真诚相待。

不能否认的是，身为女人，我们都有一个共同的弱点，就是希望别人尊重自己、欣赏自己。比如，我们买了漂亮的衣服，满心欢喜地穿出去时，总是希望能得到别人的出口称赞，有时候没有得到称赞，还会郁郁寡欢。如果能够懂得在社交中欣赏、尊重他人，就会为拓展人际关系带来无尽的机会和好处：其一，成本最低，不用伪装自己去浪费感情，更不用花费金钱去请客送礼；其二，风险最低，不必担心讲假话，食寐不安；不必担心当面奉承背后忍不住发牢骚而露馅，提心吊胆；其三，收获最大，因为真心尊重和欣赏别人，便会去学习别人的优点，并克服自己的弱点，使自己不断地进步和完善。

如果你注意观察，人与人之间的交往比比皆是，人的一生就是社交的一生。一个懂得尊重人、欣赏人的女人会过得很愉快，而且别人也会同样地尊重和欣赏她。有朋友在身边，可以分享快乐，分担痛苦；在你面临危险时，有朋友就不用害怕；在你伤心无助时，有朋友就能拨云见日。

社交还是发展事业的前提，事业成功的概率与社交圈的大小密切相关。我们都希望充分地发挥自己的才能，但又常常感到，自己的才能往往得不到充分的发挥，其中原因之一就是受人际关系的局限。相反，有些人并无过人之处，但由于深谙社交之道，在人际间开辟了广阔的天地，因而成了令人羡慕的成功者。

凭借良好的人脉塑造新的自我

只有机缘，没有人缘，最终会使得机缘丧失，人缘经营得好必然会带来机缘。总结成功女性的人生经历，可以看出，有的女性最初也许很平凡，但凭借良好的人脉渐渐创造了一个新的自我。

社交改变命运，人际创造财富。高超的交际艺术是成功的资本，拥有良好的交际能力和高超的处世技巧，就等于拥有了成功的点金术。

女人要善于塑造自我、肯定自我、提升自我、表现自我，而在人际交往中能够精心营造出属于自己的社交圈，是新时代女性在独立性上的最好体现。

女人要学会打造自己的职场人际圈子和生活人际圈子，拥有雄厚的人脉资源。包括自己的亲朋好友、社会关系成员、家人、职场上的伙伴、生活中的邻居、事业上的贵人等，都是人脉的基础。女人建立一个良好的人脉关系，生活就会变得轻松充实，工作也会变得顺利，人生会丰富多彩，成功就会离自己越来越近。

女人的魅力大小，很大程度上取决于人际关系。而良好的人际关系，来自于良好的社交。所以，女人不应该忽视社交的力量和作用。会交际的女人才是智慧的女人。

朋友是社交圈中重要的组成部分，男人需要有肝胆相照的好朋友，女人也同样需要推心置腹的闺蜜。这样当女人在孤单和无助的时候，就会获得朋友们的关心和安慰，当面临危险或者困境时，有了朋友在身边就不会感到害怕；当伤心烦恼时，向朋友倾诉一下就会豁然开朗。所以，人生不能没有朋友。女人更需要友谊。有朋友在身边，可以与自己分享快乐，分担痛苦。

良好的人脉关系是发展事业的前提，事业成功的概率与社交圈的大小息息相关。在生活和工作中，人们都希望充分发挥自己的才能，但是有时自己的才能得不到充分发挥，或者力不从心，这时就需要团队的合作力量来共同攻克难关。所以，建立职场人脉有助于事业的发展。

有些人由于深谙社交之道，在人际间开辟了广阔的天地，因而成为令人羡慕的成功者。

女人社交的一个最基本的目的就是结人情，交人缘。俗话说："在家靠父母，出门靠朋友。"多一个朋友多一条路，人情就是财富。一个善于交际的女人一定有好人缘，这与善于结交朋友、乐善好施是分不开的。

聪明的女人善于打造自己的交际圈，懂得在多个交际圈中长袖善舞，这不但是女人的自信，也是女人魅力的表现。

1.女人要学会推销自己，拓展自己的人际圈

在人际交往中，女人应该尽可能地推销自己。当别人想要与你建立友谊关系，如果你没有表示出足够的热情，会失去一个与对方交流的机会。而如果对对方的热情做出回应，那么就会多一个朋友。

推销自己不必刻意地在众人中表现，很多时候交友都是通过日常的接触、朋友的介绍或参加某个活动中完成的，或许在不经意间就认识了一位朋友。比如在旅行中，如果途中正好路遇一位熟人，可以提议与对方共进午餐或晚餐，这有利于增加彼此的了解。

多出席一些重要的活动，会对你扩大自己的社交圈有很大帮助。因为重要的活动可能会同时汇聚了自己的不少老朋友，利用这个机会你可以进一步加深一些印象，同时还可能认识不少新朋友。所以对自己关系很重要的活动，不论是升职派对，还是同事的婚礼，都要积极参加。

在社会交往中，女人可以表现得主动些，而不是总做接受者。如果被动地等待别人和自己做朋友，而不会主动联络，帮助别人，那么人际关系圈就无法得到拓展。建立一个良好的人际关系网，无论对职业生涯和个人生活都很重要。

2.真诚交友，真心帮助，是建立人脉的基础

时刻提醒自己要遵守人际交往中的规则，不是"别人能为我做什么"而是"我能为别人做什么"，在回答别人的问题时，不妨再接着问一句："我能为你做些什么？"

如果朋友遇到困难时及时安慰或帮助他们。不论你关系网中任何一个人遇到麻烦时，你应该立即与他通话，并主动提供帮助。这是表现支持、联络感情的最佳时机。

遇到朋友或同事升迁或有其他喜事要记得在第一时间内赶去祝贺。当你的关系网成员升职或调到新的组织去时，也要尽早赶去祝贺他们。同时，也让他们知道你个人的情况。如果不能亲自前往祝贺，最好也应该通过电话来表达一下自己的友谊。

3.组建有力的人际关系核心，稳固自己的交际圈

在自己的关系网络中选几个自认为能靠得住的人组成稳

固、有力的人际关系的核心，包括自己的朋友、家庭成员和那些在你职业生涯中彼此联系紧密的人。稳固的人际关系核心构成影响力的内圈，有助于自己受益。在这个圈子里不存在钩心斗角，并且会从心底为你着想，帮助自己，你在人际关系的核心圈中会相处得愉快而融洽。

不要花太多时间维持那些对自己无益处的老关系。当你对职业关系有所意识，并开始选择可以助你事业成功的人时，你可能不得不卸掉一些关系网中的额外包袱。其中或许包括那些相识已久但对你的职业生涯没什么帮助的人。如果你一再维持对你无益处的老关系，只是意味着时间的浪费。

悦人悦己，坚持双赢

这是作家刘墉书中的一个故事：

某天，作家去朋友家做客。聊天时，女主人突然跳起来，说："糟了，我忘记今天钟点工会来。"说完，她开始扫地，把脏东西倒进垃圾桶。她说："我不能让她觉得我一周没打扫，而把工作全留给她。"话才说完，钟点工就到了。女主人请钟点工先清扫卧室，且立刻开启了卧室的冷气。作家夸女主人体贴，女主人微笑着说："其实我为她开冷气，她会感谢我；而且因为有冷气，她会更加仔细地整理，汗水也不会到处滴，最后受惠的还是我。"用心体贴，坚持双赢，是这位女主人与人交往的策略。

在人类历史上，人们相互之间的合作与交往一直受到零和游戏原理的影响。零和游戏是指一项游戏中，游戏者双方有输有赢，一方所赢，正是另一方所输，游戏的总成绩永远是零。在零和游戏中，游戏的利益完全倾向某一方，而不顾及另一方的利益，胜利者的光荣总是伴随着失败者的辛酸和屈辱。因此在零和游戏中，游戏双方是不可能维持长久的交往关系的。因为无论是谁，也不愿意以长久地损害自己的利益为代价来保持双方的关系。人类在经历了两次世界大战、全球经济高速增长、全球一体化以及日益严重的环境污染之后，"零和游戏"的观念正逐渐被"互利双赢"的观念所取代。

几千年来，竞争和利己心是人类最古老的法则。人们相互之间的交往与合作，以获得利益与损失利益为标准，可以获得以下几种结局：

利己——利人；利己——不损人；利己——损人；

不利己——利人；不利己——不损人；损己——不利人。

社会学家认为：利己不一定要建立在损人的基础上。在各种经济合作中，只有一方获利的局面是不可能维持长久的，所以要通过有效合作，达到双赢的局面。即便在有输有赢的体育竞赛中，人们也认识到，可以通过比赛提高参与意识，增进相互了解，促进人类体质与精神层面上的共同进步。

　　人生犹如战场，但毕竟不是战场。战场上，不消灭对方就会被对方消灭；而人生赛场不一定如此，何必争个鱼死网破，两败俱伤呢？尽管大自然中弱肉强食的现象较为普遍，但那是出于生存的需要。人类社会与动物界不同，个人和个人之间，个体和团体之间的依存关系相当紧密，除了竞赛之外，任何"你死我活"或"你活我死"的游戏对自己都是不利的。

　　很多时候，我们不可能将对方彻底毁灭，因此 "单赢"策略将引起对方的愤恨，成为潜在的危机，从此陷入冤冤相报的恶性循环里。无论从实质利益、长远利益上来看，那种"你死我活"的争斗都是不利的，因此应该活用"双赢"的策略，彼此相依相存。

　　双赢是一种以退为进曲臂远跳的战略，是一种人情练达皆学问的智慧，也是一种海纳百川有容乃大的气概。每个人都有自己的生活圈子，有自己的世界，包括自己的亲朋好友、同学同事等等，保持一种双赢的心态，将会使自己的社会整体效益最大化，将会建立自己的和谐世界。我们在为人处世的时候，应把"双赢"作为一个核心，牢记在心，探求一种对大家都有利的方案，而不是一味地想要多赚别人一点儿。如果双赢根植于人的内心，带着追求双赢的思想待人处事，很多看似对立的状况都可以达到双赢的效果。

"双赢"是一种良性的竞争，更适合于现代社会的相互竞争。在人际关系上，注重互助合作与彼此和谐；面对利益时，与其独吞，不如共享。总而言之，如果我们在社交中能够懂得"双赢"的道理，就能够在处理各种棘手问题和人际关系时做到与他人互惠互利，最终达到自己的目的。

Part 6

女人要有女人味，会撒娇魅力飘

——迷死人不偿命的性别魅力

真正的女人味，指的是一种人格、一种文化修养、一种品位、一种美好情趣的外在表现，当然更是一种内在的品质。缺少女人味的女人，即使她有着如花的脸蛋、傲人的身材，但只要她一开口便足以暴露出她贫瘠的内心和空荡荡的精神。

风格往往比美丽更重要

外在美在很大程度上取决于你是否有光滑的肌肤。随着岁月的消逝，外在美也会逐渐减退，而一个人的风格即使她老了也不会褪色，风格是一种永不过时的美。

女时装设计师莱·卡瓦库博坚信："风格永远不会变老。因此，我认为给自己创造一种风格比外在美更重要。"

这方面有许多女士可以做证，虽然由于不可抗拒的自然规律她们已经不再特别美，但她们的风格使她们仍具有很强的吸引力。

米切尔是个天性活泼的女编辑，她就是这些女士中的一位杰出代表。她的一位朋友这样说道："说实话，她长得并不漂亮，但是没有一个人认为她不美，因为她特别懂得设计自己。"米切尔是一位很有风度的女士。在1998年拍摄的一张照片上，她穿着一条紧身黑裤，手提一个豹纹提包，显得那么时髦、那么出色，就像是今天才刚刚照的照片。

米切尔是一位具有创造性的女士。她为风格下的定义是："风格意味着为自己发明创造。"

　　风格体现在日常的每件事中。不仅仅是我们的躯体决定了我们的风格，我们每天用的东西也影响着我们的风格：文件包、圆珠笔、日历、随身听、信封或钥匙链、自行车、汽车，等等，所有这些用品都能表现出我们的风格。

　　你使用的几件时髦的物品要和你的风格相配。从一开始你就应该注意使用它们的效果并且绝不要求永远保留它们。这些相配的物品对于建立你的风格起着实际的重要作用。比如，眼下涂漆的或塑料的手提包较为流行，你就可以买一个，不管这是什么材料制造的。这些东西价钱不高，如果哪一天它坏了或过时了，你也用不着心疼。

　　除此之外，你应该有几件喜爱的小饰品，这些小东西可以使用很长时间，而且对你的风格能起到独特作用。我们必须不断学习，与这些不起眼的、陪伴我们多年的小饰品建立关系，它们是我们最美的伴侣。我们不仅应该有些不太值钱的小饰品，还要有些质量好的。因为饰品质量越好，使用的时间越长。

天生丽质，难敌化妆"三件宝"

　　当男人想要显示他们对女性的吸引力时，会把脸上的胡子刮得精光，头发梳得顺直，穿上最显精神气派的衣服，打扮得整整齐齐……我们按自己习惯的方法来塑造自己。我们自己创造出一个形象，然后再按这个自己"制造"出来的形象进行自我美容。

举个例子，某公司有一个身材矮小的女秘书，她经常表情哀怨，穿着肥衣肥裤，素面朝天。这位女秘书的身材略有些肥胖，超过正常体重约20磅。尽管她的五官不乏甜美，皮肤很好，白皙细腻，但也绝不会有人看上她的，因为她是故意这样做的。

另有一位职员，身材特别难看，她不管做什么运动、穿什么样的衣服，都难以改变自己不雅的身材外形。但她每天都仔细装扮，穿漂亮的丝质衬衣和做工精细的裙子，打扮得充满神采。尽管如此，她还不能被称为美丽漂亮。但这样长此以往，她开始引起别人的注意了。

往脸上擦粉、描眉和抹口红堪称化妆的"三件宝"。长相一般的女子凭着这"三件宝"，不用费额外的心思，就可以打扮得十分出色。如果90%的女人懂得如何化妆，那么女人的外貌就会有很大的改观。

我们的鉴赏能力，会通过我们的梳妆打扮向外界反映出来。所以，在这方面缺乏技巧是不行的。要想掌握化妆技巧，就要大胆地、不断地去实践。请记住，得体的化妆可以反映出一个人内在的美，从而吸引他人关注欣赏的眼光。

一个成熟的女人不会感到化妆品是不太自然的东西，也不会对把钱花在化妆打扮上而感到愤愤不平。大家需要知道的是如何使用化妆品，如果你真的不会使用化妆品，那就开始学吧！

找一个专业化妆师，即使花上一点钱也没有什么大不了的，请这位专业化妆师教你。当专业化妆师给你化妆时，要抓住机会多请教，照着教的方法练习化妆。对化妆这门技术要不断地练习！练习！再练习！

持续、大胆的实践可以使你的化妆技巧十分出色。当你熟悉了一种化妆方式后，不妨时不时再来点儿新花样。一个女人可能多少年来都习惯于一种化妆方式，直到年纪不允许使用这种化妆方式才罢休。这并不值得提倡。何必拘泥于可怜的几种常用方法？化妆方法多种多样，就像我们的衣着一样，是绚丽多彩的。不妨试一试其他的化妆方法。只要你胆大心细，善于观察和领悟，就一定能用不同的色彩装扮出迷人的风姿。

服饰透露出来的秘密

你的一切全都写在你的服饰上。

美国一位总统礼仪顾问威廉·索尔说："当你走进某个房间，即使房间里的人并不认识你，但从你的服饰外表他们可以做出以下十个方面的推断——经济状况、受教育程度、可信任程度、社会地位、成熟度、家族经济状况、家族社会地位、家庭教养背景、是否成功人士以及品行。"

服饰覆盖了接近90%的身体面积，往往当我们还没有看清或观察到对方的容貌，来不及揣测对方的心理状态时，大面积的服饰已经给出了重要的提示。我们生活在一个匆匆而过的"街道文化"中，无论你喜欢与否，在未来社交中起决定作用的是你留给他人的第一印象。你的信誉感，以及你终生在他人心中所处的位置，往往都是通过最初的印象建立起来的。

快节奏的生活中，人们很难对初次交往没有兴趣的人再进行第二次、第三次和长期交往。这种超乎个人能力的潜在力量影响着人的未来。今天，我们处在越来越强调个性、平等、自由的社会中，服饰更具有强烈的社会属性和文化属性。它明显被打上了社会符号，它以它特有的审美功能创造了形形色色、风格各异的人群和阶层。

服饰是人的品位、感情、心态、个性等集中的物化，服饰也是一种艺术，像学习其他艺术一样，同样需要了解基本常识和正确的实践运用。

用好服饰也是一种能力。有些女人，之所以出众和迷人，除了修养和气质之外，她们对时尚流行的敏感度，对服饰修饰的控制力，似乎有天然的独特的驾驭能力。其实，主导这种驾驭能力最重要的是个性，服饰是思想和个性的形象表达。无论流行什么风格，这些女人能用自己的思想和个性主导自我的表达风格，她们最擅长的是扬长避短，能够选择烘托自己体形、气质的服饰和装束。有个性的女人是有个性精神的，她们喜欢表达个性，也喜欢不断地尝试创新，喜欢和别人不一样的感觉。久而久之，越来越富有创造性，反而越来越有独特的韵味和气质。

一些缺乏个性的女人，尽管穿满了名牌，却仍然是空洞的，没有灵魂和魅力的，甚至是庸俗和令人生厌的。个性是品味女人的内涵，是魅力女人的一种精神，是你鲜活的社会符号。

控制体重，女人毕生要做的事

把保持体形当作一生最重要的事来做。

控制重量的难度远远高于减重的难度，减重和控重的区别在于：减重是阶段性的；控重是长期的、年复一年的。不少女性能够减重，却很难坚持控重，一旦心血来潮，又是吃减肥药，又是做减肥疗程，几乎绝食。虽然在短期内也许大有成效，但难以坚持下去，不仅不能保持好的体形，还可能损害身体健康。

　　保持体重不是一朝一夕的事。首先你要给自己制订一个饮食计划，根据自己的形体条件，非常严格地执行这个计划。你的计划不能过于复杂，复杂是很难坚持的。以下三点是你必须注意的：

　　长期控制食量。年轻的时候你的食量还可以掌握在七八成饱，中年以后七八成饱是大大偏多了。你不能有饱的感觉，你的食物中只要含有了适量的五大营养素，就不能再多了。不足的方面可通过补充维生素、微量元素等高品质的健康食品来弥补。坚持控制食量是件极难的事情，不少人可以坚持减食或节食一两餐或者一段时间，之后大吃一顿，这是控制体形的大忌。胃是有伸缩功能的，当你的食量长期保持在一个范围内，胃的伸缩也在相应的平衡状态下，你会减少或不再有过多的饥饿感，控制体重也成为身体能够适应的良性循环。

　　避免高脂肪和过油的食品。如果你还年轻，体形还算不错，你还可以稍微享受一下这类美味食品，中年以后是一定要控制的。女人想美一定要有毅力，形体几乎是你最有能力掌握的美，千万不要在满足和放纵一时的口感中断送了自己美的前程。

　　戒掉甜食。连续吃甜食体重是一定会增加的。尽管巧克力的芳香、冰激凌的美味还是很有诱惑力，但是看一看、欣赏一下也就算了，最多放在舌头上品一下，也算是很享受了。

　　饮食是控制体形最为核心的一个环节，另一个核心环节是长期坚持充足的运动。身材保持好了，的确是一件很愉悦的事情，轻松、敏捷、干练。

现实生活中我们发现，那些能够控制饮食、控制体重的女性，尤其是中年以上的女性，她们往往比较少见高血脂、高胆固醇、高血压等疾病。

不过，控制体重仍然是要以健康为前提的。一定要注意营养的搭配和均衡，因为只有健康的女性才会是充满活力的，这份活力将为你带来好脸色、好气色、好身材与好的命运。

永远记住，控制体重是一种人生态度。

几多青丝，几多柔情蜜意

女人的美丽，绝对是从头开始的！再平凡的女孩，如果有了一头飘逸的长发，也会变得美丽动人起来。亮泽的三千青丝，无疑是女人一道迷人的风景线。而且，除了美丽动人之外，头发的乌黑顺滑，也昭示着身体健康。

长发是女人味的源泉。女人的头发就如同自己的第二张脸，拥有一头飘逸的秀发，不仅可以增添自信与魅力，还可以在吸引男性目光方面产生意想不到的效果。长发所表现出的温柔、妩媚的女性美，是其他内在与外在特征都无法超越的。

　　美国佛罗里达州州立大学心理学家凯利·克莱恩博士领导的研究小组，对50名男子进行了一项调查，将同一名女子的发型通过计算机分别处理成长、中、短三种样式，结果绝大部分男子都认为长发的女人最性感。不少男人在感觉女人的吸引力时，经常都是从她的头发开始的。这是因为从背后看女人，头发几乎占了她整体形象的一半；从前面看女人，头发也堪称是"第二主角"。尤其是色泽、香味和动感的完美统一，成为男人无法抵御的诱惑。

　　头发的诱惑力极大，它与性选择的视觉、听觉、嗅觉、触觉均有关系。很多男人都认为，长发是女人味的源泉。他们对女人歪着头抚弄头发的动作非常敏感，虽然可能很多女性都出于无心，但是大多数男人都会觉得女人的这个动作是在卖弄风情，那种无意之中散发的妩媚与性感会让男人浮想联翩。有意思的是，看到拥有一头充满质感、流光溢彩的青丝，男人也会情不自禁地想要触摸。因为很多男人都觉得这种触摸是神秘、亲近、纯情的交融，而非赤裸裸的"性快餐"，其煽情效果要直接得多。

　　很多男人对女人头发的愿望和期待，是一头披肩的长发。头发是女人柔情万种的性感工具。女人也许并不知道，当女人的发梢滑滑地扫过男人的肌肤时，有多少根头发便会传递多少缕柔情蜜意。

女人要会制造和保持神秘感

作为一个让人倾慕、受人尊敬、到哪里都受人欢迎的女人，只有惊人的美貌、温顺的性格或非凡的才气还不够，女人要做到内外兼修，同时拥有内在美和外在美，表现得既端庄典雅又紧跟时尚，既温柔如水又坚强刚毅。一个女人，如果在内外兼修的同时，再加上一点点的神秘感，就更加完美了。

神秘感会激起人们的好奇心，驱使彼此互相接触并且深入探索。在这个过程中，如果他人本身就对你很欣赏，就会对你产生更多好感。在此基础上，由于你的神秘性对他人产生了吸引力，他人再通过进一步的了解，会发现你身上更多的闪光点。

贝蒂刚刚大学毕业。来公司报到的第一天，她就让所有的人眼前一亮。她胳膊上挎着今夏最新款的LV，颈项间戴着一条银亮的白金项链，身上是一套简洁而高雅的装束，雪白立领衫搭配黑色过膝长裙，明显是某大品牌的新款服装。

大家悄悄地议论着："看她这身行头，一定是有钱人家的阔小姐。"他们都纷纷猜测，但贝蒂却什么也不说。每次她给家里打电话时，同事们总会看到她恭敬谨慎的神情，让人感到她的家世非同一般。

贝蒂确实非同凡响。她的业绩好得让人嫉妒，她往往轻而易举就能拉来许多客户。有些大客户还会专程来请她品茶聊天，但她却很少答应。大部分时间，她都喜欢独自赏画、听古典音乐或阅读世界名著，气定神闲的模样看上去是那么与众不同。

实际上，贝蒂的父母都是普通人，但她的神情总是显得从容闲适，言谈举止温文有礼。虽然当初她只是借表姐的仿版LV和白金项链用了一段时间，但却引起了每个人的好奇心："她真的好神秘！"

尽管贝蒂从未编造过关于自己身世背景的谎言，对于同事的猜测和议论更是听之任之、不置可否，但她却成功地塑造了独特的"神秘感"，无时无刻不吸引着别人的注意力，让他们对自己抱有极大的兴趣，想要挖掘出她讳莫如深的秘密。

在陌生人面前若隐若现，跟身边的人若即若离。一个充满神秘感的女人从来不把自己的想法、意见和盘托出，而是有所保留，让你琢磨不透。于是，周围的人会不自觉地思前想后：总是猜不透她的想法，她真是一个难以捉摸的女人。

当然，神秘感并非固定不变。神秘的内容一边不断地被对方所探究和发现，一边又会被新的内容所充实和替换。女人需要不断地用知识和智慧来填充、更新这些内容。

一些徒有漂亮外表、缺乏丰富内心的女人，她们的神秘往往只能让人有一时的新鲜感。随着时光流逝，由于知识贫乏、思想浅薄，她们很快就会失去吸引力。

当对方知道了你的一切情况，他对你的兴趣也会急速冷却。对方对你了解得过于透彻，甚至知道你的个人隐私，神秘感就会消失，这对女人绝对没有好处。每个人都应该有自己的世界，有一处不为别人所知的天地。所以，女人必须掌握一些制造、保持神秘感的秘诀。

别忘了自己是女人

参加女性沙龙的一个女孩，有一次谈到因为自己太能干了，结果失去了一位特别棒的男朋友。

这个女孩有很好的工作，她白天在办公室工作，做计划，下指令，肩负着很多责任。即使在社交场合，她也没办法让自己放松下来，她承认说："我的男朋友还在忙着打开手机呢，我发现自己已经把出租车叫来了；我为他按电梯间的按钮；吃饭时建议他点蔬菜和果汁，说是对他的血液有好处；他从来没机会在我就座时帮我扶椅子，帮我脱外套，因为像我这样一个比蜜蜂还忙的人，自己早就先做了。我不仅有效率，还爱发号施令，结果……"

可怜的白领丽人，当一个合适的男人走进她的生活中时，她因为忙着要成功、要独立，忙着显示她的能干，结果忘记了自己还是一个女人。男人，那些被宠坏了的人，不但要吃蛋糕，要有面包，他还需要营养丰富的家常馒头。他喜欢这样的女孩，有女性迷人的魅力，还要有一点头脑，能欣赏他的长处就够了——如果可以的话，最好还能赚钱贴补家用。

要给他这种感觉：当他选中了你，你能满足他的这种需要。听起来好像不容易做到，其实真正做起来，并不难。工作时讲究效率，兢兢业业为领导做事，但是，工作之余，跟你的男朋友在一起时，要放松，让他感觉到是在跟一个女人，而不是跟一个勤奋的大脑在约会。

卡耐基夫人曾经在书中写道：

"像大多数女人一样，我也是从以往的失败中，懂得这个道理的。很多年以前，一位讨人喜欢的青年经常来找我，我也非常享受他的友情。当然，只是很短的时间。那时候，我热衷于政治，花了很多业余时间参加政治活动。不去竞选或开会的时候，我就跟他讲某某法官都说了些什么，解释给他听立法有什么缺陷。后来，他一字一顿地跟我说：'你曾经是个女孩，但现在，你是一个会走路的竞选宣传单。如果我想听政治学演讲，我可以写信给我们区的议员。目前，我只想找个好姑娘，让她照亮我的夜晚。'"

任何时候，别忘了自己是个女人。

让你魅力四射的七个秘诀

现实生活中，如何提高自己的品位，让自己魅力四射呢？告诉你七个秘诀：

第一，让自己的脸清新爽洁。一张美丽的脸，最最要紧的是清新爽洁。这方面应该注意的是，不要用脸盆洗脸，因为洗掉的污垢有可能再回到脸上，这样就不会清洗彻底。你应用温水洗脸，保持水龙头开着，早晚两次必不可少。

第二，试着走近艺术。在床头搁本喜欢的画册、美文集等，晚上拧亮台灯，在若有若无的轻音乐中翻阅，既可以让人平和宁静，又可以让你知识教养有所提高。假日里，去美术馆、音乐厅感觉艺术气息，拉近自己和艺术的距离，试着让自己成为一个充满艺术气质的人。

第三，掌握流行品位。生活的各个方面都存在着流行，发型、饮料、音乐等。你不应拒绝流行，但也不要盲目跟随潮流，在流行中迷失自己。要懂得利用余暇充分享受流行的乐趣，懂得让自己与流行保持距离，使自己能够随心所欲地掌握流行。流行可以开拓生活领域，会让人生活得更加愉快。通过看电影、电视，通过和朋友交流，通过阅读杂志，通过画展，通过博览会，甚至通过逛街了解流行、感受流行，又凭自己的喜欢选择流行，这样才会使你保持既现代又古典的魅力，才会让你自己始终保持好奇心。

第四，拥有专长。不管研究文学、外语还是美容、烧菜，只要是自己喜欢的东西都可以尽情尝试。若是能在学习以外拥有一项得意专长，不仅可令朋友羡慕，更能令你闪闪发光。

第五，优雅的仪态。同样坐或立，有人显得平淡无神，而有人就传递出一种清新的气息，让人看着舒服。正确的坐姿应紧缩小腹，放松肌肉，轻轻舒缓肌肉，让它在全然轻盈的状态之中呈现出最好的效果。正确的站姿是：胸部扩张，背脊伸直、下巴收缩、收小腰、双腿内侧使力，脚后跟并拢，膝盖打直，肩膀自然下垂，不需使力。这样人看上去才会觉得挺拔、优雅。

第六，给自己做一个合适的发型。要想使自己更具魅力，应根据不同的情况——如运动或看电影——简略地利用一些小技巧改变发型的风格。例如，改变头路，或用丝巾包结或卡个小发卡让它与服装结合起来更合宜、更协调，人便也生动许多，并且还能给人惊喜。其实，这种技巧倒不是很难，重要的是细心、用心，想得到就学得到、做得到。

第七，心中有旧衣。一个有品位的女人之所以能妩媚迷人，除了气质、礼仪，她的服饰也是很重要、很精彩的部分。实际她并不花费很多的钱用于购衣，但买衣时总是想到家中的几件衣衫怎样搭配、是否协调，这样购衣便不会冲动与盲目，也不会衣橱中乱糟糟，出门总是"缺一件"。无论流行什么风格，有魅力的女性总是看重传统的扬长避短论，专选能烘托体形、烘托气质的那种。

Part 7

玩转职场，不惧怕成为"女强人"

——让同事无法拒绝你的职业素养

现代女人可以不结婚，却不能没有自己的事业。新时代女性独立性更强，她们不但要做家庭中的好主人，也要做事业中的女强人。有智慧的女人会平衡家庭和事业的关系，不在经济上依赖男人，她们有自己的空间和舞台，在人生和成功的道路上活出全新的自己。

奋斗，是对自己的忠诚

每个女人，在成为妻子、母亲之后，她仍是属于自己的，是独立的社会人。她的存在不该被家庭束缚，不该被柴米油盐牵绊，女人应为自己而活，为自己在这个世界争得一席之地。

奋斗，不是为了在弱肉强食、优胜劣汰的大世界拼个你死我活，斗个头破血流，而是尽自己所能，在有去无回的光阴里，奋斗出值得眷恋的过往。

林徽因在婚后也没有停歇她的事业，她和丈夫梁思成一同外出考察，一步一个脚印地走遍了六七个省份，为了获得更多的第一手资料，即使长途跋涉也在所不辞。

据记载，她曾到过"西北地区距甘肃不远的耀县，东南到了临近福建的宣平。北京八大处，山西大同的华严寺、善化寺及云冈石窟，太原、文水、汾阳、孝义、介休、灵石、霍县、赵县的四十多座寺庙殿阁，河北的正定隆兴寺，苏州的三清殿、云岩寺塔，杭州的六和塔，金华的天宁寺，宣平的延福寺，开封的繁塔、铁塔、龙亭，山东有十一个县，包括历城神通寺和泰安岱庙，以及西安的旧布政司署，陕西的药王庙"。

旅途漫长且艰辛，她却从未叫过苦、喊过累。梁思成在《清式营造则例》的序言中特别说明："内子林徽因在本书上为我分担的工作，除'绪论'外，自开始至脱稿以后数次的增修删改，在照片之摄制及选择，图版之分配上，我实指不出彼此分工区域，最后更精心校读增削。所以至少说她便是这书一半的著者才对。"这是身为丈夫，也是作为同事的梁思成，对林徽因所有付出的肯定。

考察途中，最为辉煌的一次当属他们在北方的最后一次考察，即五台山木结构佛光寺的发现。

1937年的初夏，林徽因、梁思成与学社同仁一道向五台山进发。山路崎岖难行，唯一的交通工具是驮骡，在狭窄的小路上，只好小心翼翼地慢慢向前走。直到后来，一向吃苦耐劳的骡子也不肯继续前行时，大家只得牵着它们徒步前行。

就这样步履蹒跚、走走停停了两天后，竟在黄昏中望见了宛若唐朝风格的殿宇。前一刻还精疲力竭的他们，顿时来了精神，拖着疲惫的身体急忙走近求证。

林徽因不顾危险，大着胆子爬上高悬的大殿脊檩寻找可能的文字依据，以确认建造的年代。

"上面一片漆黑，打亮手电，只见檩条盖满了千百只蝙蝠，竟祛之不散。不意间照相时镁光灯闪亮惊飞了蝙蝠，没想到底下还挤满了密密麻麻的臭虫"，可见条件是多么的艰辛。

就这样不停地爬上爬下，不断地搜索，林徽因终于在两丈高的大梁底部看到了隐约的一行字："女弟子宁公遇"。

由于其他字迹还是看不清楚，大家又用了两天的时间，七手八脚地搭了个支架，洗去梁上的浮土，这才看清楚了一些。林徽因第一个上去，用了3天才读全梁上的题字。

宁公遇就是捐资建造佛殿的女施主，大殿建于唐朝大中十一年，即公元857年。它是中国现存最早的木结构建筑。日本人曾扬言，要看这样的建筑只有去他们的奈良城。然而，林徽因和同事们一起，打破了日本人的狂妄。

林徽因对建筑研究的热忱，使她十几年如一日地奋斗，最终令她收获了丰硕的果实。她是中国第一位建筑学女教授、第一位女建筑师，是唯一登上天坛祈年殿宝顶的女建筑师。

我们不妨也问问自己，那些年少时的梦，在漫长的光阴过后，是否成真了呢？

当岁月将灵活矫健的身体、活跃敏捷的头脑一并收回时，不要因为一辈子庸庸碌碌、一事无成而懊悔，感叹时光的蹉跎，埋怨当初的懈怠与懒惰。

当膝下子孙环绕的时候，可以自豪地给晚辈们讲一讲曾经的那些荡气回肠，那些挥洒汗水、毅然奋进的日子，足以温暖不再强健的心脏，慰劳脸上的皱纹，以及满头的银发。

发现自己真正的价值

在工作中，一个人只有在追求"自我实现"的时候，才能最大限度地发挥自己的潜能，才会迸发出持久强大的热情，也只有这样才能创造出更辉煌的业绩，从而最大限度地实现自我的人生价值。

2017年福布斯全球富豪榜显示，全球首富微软总裁比尔·盖茨的财产净值达到了860亿美元。如果他和他的家人每年用掉一亿美元也要466年才能用完这些钱，这里还不包含这笔巨款带来的巨大利息。那他为什么还要每天积极地投入工作？

著名电影导演斯蒂芬·斯皮尔伯格的财产净值估计为10亿美元，虽没有比尔·盖茨那么富有，但也足以让他在余生享受十分优裕的生活，但他为什么还要不停地拍片呢？

美国维亚康姆公司董事长萨默·莱德斯通在63岁时开始着手建立这个很庞大的娱乐商业帝国。63岁，在多数人看来是尽享天年的时候，他却在此时做了重大的决定，让自己重新回到工作中去，而且，他总是一切围绕着公司转，工作日和休息日、个人生活与公司之间没有任何的界限，有时甚至一天工作24小时。这样的工作劲头，他是从哪里得来的？那就是实现自己的人生价值，创造更好的成功。

在我们的生活中，这样的例子举不胜举。那些拥有了巨额

"财富"的富豪，不但每天积极投入工作，而且工作得相当卖力。难道他们是为了钱吗？如果不是，那他们为了什么？

关于这个问题，或许我们可以在萨默·莱德斯通的话里找到答案，他说："实际上，钱从来不是我的动力。我的动力是对于我所做的事的热爱，我喜欢娱乐业，喜欢我的公司。我有一种愿望，要实现生活中最高的价值，尽可能地实现。"

是的，正是这种自我实现的热情使他们热衷于自己所做的事业，使他们在热衷的事业中取得巨大成功后，仍然一丝不苟地热衷于事业。他们就像一个浑身挂满冠军奖章的赛车手，尽管已经知道自己超出对手很远了，脚却依旧不会离开油门，他们爱自己创造出来的速度，而不是单纯为了名和利，更多的时候是为了取得一次又一次的成功，创造更多辉煌的业绩，实现自己的人生价值。

可能我们现在还没有达到自我实现的境界，但我们也不要麻痹自己——人云亦云工作就是为了赚钱。不要安慰自己："算了，我技不如人，能拿到这些薪水也知足了。"或者对自己说："既然领导给的少，我就少干，没必要费心地去完成每一个任务。"我们应该牢记，我们所追求的是自我提高，金钱只不过是许多种报酬中的一种，我们必须充满热情地去工作，正如我们必须充满热情地去生活。

消极的思想会让我们看不到自己的潜力，缺乏热情会让我们消沉，失去信心会让我们失去前进的动力，失去自我会让我们与成功失之交臂，不珍惜工作机会会让我们浪费更多宝贵的时间，永远无法实现自我的人生价值。因此，我们要创造出更多辉煌的业绩，拥有成功，实现自己独特的人生价值。

商品社会，人脉就是财脉

俗话说"一个篱笆三个桩，一个好汉三个帮"，在竞争激烈的职场中打拼，女人身边更要有几个朋友，朋友越多，成功的机会就越多。100多年前，胡雪岩就因为善于经营人脉，从一个倒夜壶的小差，翻身成为清朝的红顶商人。今天，我们再回过头来检视商界的成功人士，不难发现在他们大多拥有一本雄厚的"人脉存折"，才有现在的辉煌成就。

斯坦福研究中心曾经发表一份调查报告，结论指出：一个人赚的钱，12.5%来自知识，87.5%来自关系。这个数据是否令你震惊？

哈佛大学为了解人际能力在一个人取得成就的过程中起着怎样的作用，曾针对贝尔实验室顶尖研究员做过调查。他们发现那些被大家认同的专业人才，专业能力往往不是重点，关键在于"顶尖人才会采取不同的人脉策略，这些人会多花时间与那些在关键时刻可能对自己有帮助的人培养良好的关系，在面临问题或危机时便更容易化险为夷"。

根据人力资源管理协会与《华尔街日报》共同针对人力资源主管与求职者所进行的一项调查显示：95%的人力资源主管或求职者透过人脉关系找到适合的人才或工作，而且61%的人力资源主管及78%的求职者认为，这是最有效的方式。在他们曾做过的"最有效的求职途径"调查中，"经熟人介绍"被列为第二大有效方法。刚刚踏出校门的求职者更倾向于人脉对个人职业指导的作用，而随着工作经验的丰富，人们也看到了人脉关系对于工作业务发展以及跳槽晋升等机会的影响。

柴田和子是日本的推销女神。她的业绩相当于804位业务员业绩之总和，连续11年享有日本寿险"终身王位"称号，还是国际组织MDRT的会员。

柴田和子是如何利用人脉资源展开工作的呢？

首先她善于利用以前所积累的人脉资源。她的母校——"新宿高中"是一所著名的重点高中，培养了一大批优秀的人才，其学生都在社会上占有一定的地位。柴田和子多次依靠校友为她穿针引线。

高中毕业后，柴田和子就到"三阳商会"任职，直到结婚为止。她早期的人脉资源大多是以"三阳商会"为基础，然后透过他们的介绍以及转介绍而成的。

　　除此之外，日本的银行在当时发挥着极大的金融效能。在银行与企业的权力结构中，银行居于绝对的支配地位。因此，银行的推荐很有力量。柴田和子很善于利用银行开发客源，使得她在面对目标对象时更加有底气。起初，为了了解企业的具体名称，她曾经整天坐在银行柜台窗口前的椅子上，每当听到银行小姐喊某某"工业公司"某某"会"时，她就一个一个地把名称记录下来，再去银行的贷款部门请求工作人员为她介绍那些企业，然后去逐个拜访。当她成功地获得了一家银行的推荐后，其他的银行也逐渐地对她伸出了支援的双手。

　　柴田和子获得营销成功的又一个重要手段是在目标客户中寻找关键人物。由于领导是握有决定权的关键人物，只要他说"行"，剩下的就只是事务性工作了。因此，营销人员必须能洞悉出谁才是问题的关键。

　　柴田和子，认为有效率的做事方法，就是将已经建立的人脉资源活用于工作、生活之中。人人总有亲戚、校友和乡亲，从这些关系中去开展事业，善于利用这些人脉资源，就不可能不获得成功。

　　从一定程度上来说，正是人情练达造就了她的成功。柴田和子说，她绝对不允许自己带给别人不愉快。因此她绝不耽误与别人的约会时间。即使是自己的秘书，她也认为让他在严寒或是酷热的地方等候是不对的。柴田和子说："想在销售上取得业绩，就必须要懂得体谅别人，即人情练达。"

从这里我们不难看出建立良好人际关系的重要性。一个人一旦踏入职场，光有主动性是远远不够的，要想把事情做好，还必须建立起自己的人际网络。因为你掌握的知识是有限的，你无法独立完成所有的任务，你必须知道谁懂得你未知的信息。即使那些优秀的工作者，也需要一个庞大的专家体系帮助他完成工作。

对于任何一位员工来说，专业技巧和积极主动的精神只是基础，要被领导重用，工作策略包括要有充沛的人脉网络，并能在工作中自我管理，确保高水平的工作表现。我们要认识到，充沛人脉不只是要和相同工作领域的同事打成一片，更在于透过讯息交换，与公司以外的专业人士建立起彼此信赖的沟通管道，以减少在工作中碰到的知识盲点。这个以专业知识为主轴建立起的人脉网，可让你比同事更迅速地掌握信息，提高生产力。

抓住机会，该出手时就出手

世上没有免费的午餐，一切成功都要靠我们的努力去争取。机会需要把握，更需要创造。要学会及时捕捉机会，不要让任何一个发展自我的机会溜走。在现实职场中，守株待兔，坐等机会来临的做法是行不通的。

有一天，凯莉去拜访毕业后多年未见的导师。导师见了凯莉很高兴，就询问她的近况。这一问，引发了凯莉一肚子的委屈。

凯莉说："我一点都不喜欢现在做的工作，与我学的专业也不相符。整天无所事事，工资也很低，只能维持基本的生活。"

导师吃惊地问："你的工资如此低，怎么还无所事事呢？"

"我没有什么事情可做，又找不到更好的发展机会。"凯莉无可奈何地说。

"没有人束缚你，你不过是被自己的思想抑制住了。"导师劝告凯莉，"明明知道自己不适合现在的位置，为什么不去再多学习其他的知识，找机会自己跳出去呢？"

沉默了一会儿，凯莉说："我运气不好，什么样的好运都不会降临到我头上。"

"天天在梦想好运，而你却不知道好运都被那些勤奋和跑在最前面的人抢走了。果然你一直躲在阴影里走不出来，哪里还会有什么好运。"导师郑重其事地说，"一个没有进取心的人，永远不会获得成功的机会。"

对于每个人来说，机会都是均等的，没有任何的偏向。唯一不同的是，想抓住机会的人的思想和行动。

有一位名叫维亚斯娜的美国女孩，她的父亲是洛杉矶有名的外科整形医生，母亲是一家声誉很高的大学的名誉校长。她自幼聪慧，从念中学的时候起，就一直想当电视节目的主持人。她觉得自己具有这方面的才干，因为她擅长和人相处，即使是初次见面的陌生人也都愿意亲近她，并和她长谈。她的朋友们称她知道怎样从别人嘴里"掏出心里话"，并说她是他们"最亲密的随身精神医生"。她自己也常说："只要有人给我一次上电视的机会，我相信自己一定能成功。"

但是，除此之外，她并没有为她的理想努力过什么。按理说，她的家庭对她有很大的帮助和支持，她也完全有能力实现自己的理想。但她一味地在等待机会的出现，希望一步登天，一下子就能当上知名电视节目的主持人。这样不切实际的期待，结果自然是什么奇迹也没有出现。维亚斯娜的情况或许司空见惯，因为这样的人到处都是，所以只有少数人才获得了成功。

有一位名叫吉妮的女孩却实现了维亚斯娜的理想，成了著名的电视节目主持人。吉妮之所以会成功，是因为她知道：世上没有免费的午餐，一切成功都要靠自己的努力去争取。她不像维亚斯娜那样有丰厚的经济支撑，所以她从来就没有舒服地等待机会出现的想法。白天，她去做工，晚上，她在大学的舞台艺术系上夜校。毕业之后，为了谋职，吉妮跑遍了洛杉矶每一个广播电台和电视台，但是，她得到的答复都差不多："除非是已经有过几年工作经验的人，我们不会雇用新手的。"

但是，吉妮不愿意退缩，她也没有等待机会，而是走出去寻找机会。一连几个月，她仔细阅读广播电视方面的杂志，最后终于看到了一则招聘广告：北达科他州一家很小的电视台在招聘一名预报天气的女主持人。

吉妮是加州人，不喜欢阴冷的北方。但是，为了找到一份和电视有关的职业，那里有没有阳光，下不下雨都没有关系，她立刻抓住了这个工作机会，动身去了北达科他州。

吉妮在那里工作了两年，获得了丰富的工作经验，之后在洛杉矶的一家电视台找到了合适的工作。又过了5年，她终于得到了提升，成了一名口碑不错的节目主持人。

如果一个人根本不去用行动改变现实的境况，而把时间都用在发牢骚和闲聊上，那对于她们来说，不是没有机会，而是抓不住机会。当众人都在为前途和事业奔波时，她们根本没有想到跳出误区，只是茫然地虚度光阴，结果只会在失落中徘徊。

哲人把机会当成是一个让人期盼的救星。很多人学了一身本事，都说等一有机会就马到功成，却大多到死也没有等到，甚至连机会的光芒都没有看见就抱憾而终。殊不知，机会，不但是天机所遇，还需要人去意会才能得到。机会不是等来的，是要靠自己的努力才能获得的，而且机会转瞬即逝，容不得停顿和犹豫不决，机会来了，要该出手时就出手！

胜任者解决问题，平庸者逃避问题

大多数情况下，人们会对那些容易解决的事情负责，而把那些有难度的事情推给别人，这种思维常常会导致我们工作上的失败。美国第33任总统杜鲁门上任后，在自己的办公桌上摆了个牌子，上面写着"book of stop here"，意思是"问题到此为止"，就是让自己负起责任来，不要把问题留给别人。由此可见在这位总统的心中，"责任"占据着多么重要的位置。

一个负责任的员工富有开拓和创新精神，绝不会在没有任何努力的情况下，就为自己找借口推卸责任。他会想尽一切办法完成公司交给的任务，让"问题到此为止"。即使条件困难，他也会创造条件；即使希望渺茫，他也能找出许多方法去解决。

与竭力寻找借口的员工不同，有些员工没有做好工作时会直接对领导说："您看怎么办？"也许这种坦诚似乎比找借口好一些，但事实上，在领导听来，"您看怎么办？"的潜台词就是："这是件麻烦的事情，还是您亲自介入并帮助我们解决吧。"

1999年，美国第一大零售商的凯玛特开始显露出走下坡路的迹象，这里有一个关于凯玛特的故事在广泛流传。

在凯玛特总结会上，一位高级经理认为自己犯了一个"错误"，他向坐在他身边的领导请示如何更正。这位领导不知道如何回答，便向领导请示："我不知道，您看怎么办？"而领导的领导又转过身来，向他的领导请示。这样一个小小的问题，一直推到总经理帕金那里。帕金后来回忆说："真是可笑，没有人积极思考解决问题的办法，而宁愿将问题一直推到最高领导那里。"

2002年1月22日，凯玛特正式申请破产保护。

在企业的发展过程中，总会不可避免地遭遇到各种问题的困扰。它们的发生就像太阳东升西落那样自然。所以，公司的领导们迫切需要的是那种能及时解决问题、处理问题的人才。

一个经常为领导解决问题的人，当然能得到领导的垂青和重用。首先，他没有让问题蔓延，酿成大患；其次，他让领导省心省力，让领导能够把精力集中到更重大的问题上。有了这样的员工，领导就少了很多的后顾之忧。

困难是最能考验人的。越是艰难的时候，越能考验一个人的耐力、毅力和能力。然而，有的员工为了贪图安逸，或者害怕没有办成而受到老板的责备，在接受任务时力图避开这些难题，这种做法不仅让老板为难，也会使自己的工作停滞不前。

罗冰是一所民办大学的教师。每年新生开学的时候，学校招生办都会抽调一部分老师到各地招生。对于民办大学来说，招生是令校长苦恼的难以分配的差事。生源既关系着学校来年的收入，也代表着将来学生的素质。罗冰所在的学校还没有打出品牌，所以，每一次挑选老师去招生时，老师们总是找借口推脱，一些偏僻的城市更是没有老师愿意去。

罗冰来学校后的半年，难题又来了。在招生动员会上，校长再三宣传，要教师们报名参加招生，教师们却没有积极响应。就在一片尴尬的气氛中，罗冰带头报名参加，并做其他同事的思想工作。在罗冰的带领下，一些年轻教师也报名参加了。

在选择划分区域时，罗冰主动选择了大家公认为难点的四川、福建等省。她联系了当地的省、市招生办，到一些学校宣传。罗冰在各所高中学校之间奔波，帮助学生填报志愿，向学生解说招生形势。很多学生家长来找她咨询，罗冰不论他们是否报考自己学校，都给予热心的指导。

由于工作细致，罗冰的招生工作完成得相当顺利。她主动承担难题、顺利完成任务的事情在学校树立起了榜样，校长对她刮目相看。在新学期的教学任务分配时，罗冰被委以重任。

罗冰最终完成任务，凭借的不仅仅是她的才能，还有她在完成任务过程中所表现出的"一定要将问题解决"的责任感。

失败的人之所以陷入失败，是因为他们太善于找出种种借口来原谅自己，糊弄自己的工作。而成功的人，头脑中只有"想尽一切办法，让问题到此为止"这样的想法。因为在他们心中，问题就是他们的责任，也是他们打开通往成功的大门——事实证明，这种想法总是对的。

面对问题，你真的努力了吗

我们之所以说问题很难解决，在很多情况下是我们并没有在面对问题时真正负起责任来，并没有尽到最大的努力。

有些时候我们说自己已经竭尽全力了，实际上我们并没有把潜力全部发挥出来。

世界上没有解决不了的问题，只有不负责任造成的失败和永久的遗憾。

土光敏夫是日本经济界颇负盛名的人物。他在重整东芝公司时，面临着资金不足的困难。当时正值战后，要筹到资金殊非易事。他去银行申请贷款，但主管贷款的部长对他的态度非常冷淡。经过他的努力，部长的态度稍有改观，但对贷款问题却仍然不松口。

公司到了山穷水尽的地步，如果在两天内仍然没有资金投入，那么，将不得不全线停工。土光敏夫决心做最后的努力："怎么也得迫使部长就范！"

他让秘书给他找了一个大包，装上从街上买的两盒盒饭，然后赶到银行。一见部长，他就开始软磨硬泡，请求给他贷款，但那位部长就是不松口。

双方又展开了一场唇枪舌剑，很快接近下班的时间了。当营业部的下班铃声拉响时，部长如释重负，提起公文包准备回家吃饭。

这时，土光敏夫从袋子里拿出两盒盒饭说："部长先生，我知道您工作辛苦，但是为了我们能够长谈，我特意把饭准备了。希望您不要嫌弃这寒酸的盒饭。等我们公司好转后，我们再感谢您这位大恩人。"

面对土光敏夫的软磨硬泡，部长感到无可奈何。但也正是他表现出的这份坚忍不拔的毅力，使部长产生了对他贷款的信心，最后终于批准了他的贷款申请。

面对问题和困难的时候，我们永远不要只是一味地说难，而要先扪心自问：我是否真的努力了？

在很多情况下，人之所以无法"竭尽全力"，往往缘于"我已竭尽全力"的假象，人们一直在给自己这样的心理暗示，我已经做到了最好，再也无法往前走一步了。其实，这是没有真正负起责任来的托词而已。

事情的难度决定人生的高度

什么才是动人的业绩？大多数人的看法都是超出预期的成就。这样的回答非常好。但是，要想获得提升，更有效的办法则是拓展你的工作范围，采取大胆和超出期望的行动。树立新的观念、采纳新的流程，那不但会提高你自己的业绩，还会对你所在的部门甚至整个公司的业绩做出巨大贡献。改变自己的工作方式，让你周围的人都能干得更出色，让领导更有面子，就不要只是做那些期望之内的事情。

多年前，艾米在实验室工作，负责开发一种名叫PPO的新型塑料。有一天，公司的某位副总裁来到她所在的小镇，领导安排由她介绍开发项目的最新进展。为了证明自己的实力，艾米提前一周加班准备材料，不但分析了PPO的经济效益，还探讨了该产业中的其他所有工程塑料的前景。她最后递交的报告包括了一个五年展望计划，与杜邦和孟山都（Monsanto）生产的同类产品的成本对比报告，以及一份GE应该如何争取竞争优势的大纲。

毫不夸张地说，这让她的领导和副总裁感到非常震惊。他们对此事的积极反应让艾米深刻感受到，向别人交出超过预期的业绩将产生多么好的影响。

无论你从事什么样的工作，担任何种职务，只要有可能，请想方设法增加你的工作难度。你要多担待一些责任，不断提高工作标准，学会主动请缨解决工作中的疑难问题。如此一来，短期内或许不会收到什么好的效果，但若就此养成一种良好的习惯，用不了太长时间，你的个人价值便会在公司不断攀升。原因是你增加了自己工作上的难度，这无疑决定了你工作的高度——任何领导都在寻找这样的人，一个能主动要求承担更多责任或有能力承担责任的人。同时，这样的人也从来不愁没有发展和壮大自己的机会。

莎伦·莱希曾是三联公司的经理助理，那是一家位于伊利诺伊州斯科基市的地产公司。她系统地承担起了帮助经理开展工作的职责，而那意味着她的工作职责扩展到了包括一个办公室经理的责任。如今，她已经是这家公司的副总裁了。

莎伦·莱希自己介绍说："当经理不在时，我就担负起运营的全部职责。对我来说，这个工作难度很大，但我想知道自己行不行。"

三联公司的领导莫什·梅诺拉对她欣赏备至，他说："如果莎伦·莱希不自己做给我看，我并不会知道她在这方面的能力。其实任何领导都在寻找这样的人，她能自动承担起责任和自愿帮助别人，即使没有人告诉她要对某事负责或者对别人提供帮助。"

艾思普力特公司的员工米莉·罗德里格斯，是另一个类似的例子。

起初，米莉只是艾思普力特公司的一名普通职员。工作不久后，为了改良工作方法，她主动地提出：从海外货物储备到预付款的运输项目，所有的服务和市场营销领域都应当运用后勤学原理。为了落实这一想法，她担负的责任不断增加，也使得自己在领导心目中的地位日益重要。不久，她便成为旧金山分公司的运输主管。

对此，她的领导老席勒说："老实说，她为公司提出的建议不算新鲜，但操作起来很难，但她很主动，而且完成了，自然不会再是一名普通的职员。"

如果你能积极主动地扩展自己的职责，增加工作难度，提升工作标准，不仅可以得到更多的回报，而且在这个过程中，你还可以学到更多的东西，这样有助于你更加得心应手地把昔日的优势转变为未来的机会。

事实上，对竞争激烈的现代社会，面向多元发展的公司而言，一个员工不求有功，便是有过，长此以往，难免不会被淘汰。

每一个细节都是100%

注重细节，达到精益求精的程度，是职业人士应有的态度。在现在这个竞争激烈的时代，信息繁杂，气象万千，无人不渴望成功，不渴望美好、辉煌的未来。而要得到这些美好的东西，就要努力追求卓越。追求卓越的关键在于做任何工作都要精益求精，好上加好，尤其是要注重细节！

崔爱英是一家汽车公司的区域代理，她每年所卖出去的汽车比其他任何经销商都多，有时候销售量甚至比第二名要多出两倍以上，在汽车销售商中，实属重量级人物。

当有人问及崔爱英成功的秘诀时，她坦言相告："我每个月差不多要寄5万张卡片；另外，有一件事许多同行没能做到，而我却做到了，那就是我对每一位客户都建立了销售档案。我一直相信，销售真正始于售后，并非在出售之前……"

每个月，崔爱英都会给客户寄一封不同格式、信封精美的信——这样才不会像一封"垃圾信件"，还没有被主人拆开之前，就被扔进垃圾桶了。顾客们打开信看，里面配有一张精美的卡片，上面提有各式各样的诗文或祝福语，落款是"崔爱英敬贺。"

顾客们都很喜欢这些卡片。崔爱英自豪地说："我给所有的顾客都建立了档案，这样以便我根据他们不同的兴趣、爱好，分组寄给他们不同的卡片。而且，在我给同一客户寄的卡片中，绝不会有雷同的卡片。"通过这些细致的工作，崔爱英赢得了良好的口碑和很多回头客，几乎有一半的顾客都曾介绍自己的朋友来崔爱英这儿买车。

崔爱英说："真正出色的餐饮人，会在厨房里就开始表现他们对顾客的关切和爱心了。当顾客提出问题和要求时，我必须尽全力提供最佳服务……我像个医生一样，当顾客的汽车出了毛病，我为他感到难过，更会全力以赴地去帮他修理。我希望自己见到老顾客时就像见到老朋友时一样自然，我要了解他们，至少不能一无所知。如果没有档案的帮助，在重见他们时，我难免会像与陌生人头回见面一样，重复一些不必要的麻烦，拉大心里的距离感，这些都极不利于我的销售工作。"

这里应当强调的是，崔爱英的做法绝不是什么虚情假意的噱头，而是一种责任感、一种关怀和一种高明的销售技巧的自然流露，更是职业人把事做到位、做到细节上的具体体现。当你正在为留住客户而感到有些力不从心时，你是否能从中得到一些启发呢？虽然寄卡片是一件很小的事情，却给崔爱英带来了巨大的利益，不但使她成了销售冠军，也让她特别快乐，因为她给顾客带去了温情，自己也感受到了快乐。

精益求精是追求成功的卓越表现，也是生命中的成功品牌。它与忠诚是一对孪生兄弟，一个人做事的良好习惯要远远超过他的聪明和专长。然而在现实职场中，许多人用"足够了""差不多了"来搪塞了事，不肯把事情做得精益求精、尽善尽美。因为没有把根基打牢，所以不多时，他们的努力就像一所不坚固的房屋一样倒塌了。

把事做到精益求精、尽善尽美，不但能够使你迅速进步，并且还将大大地影响你的性格，品行和自尊心。如果要瞧得起自己，你非得秉持这种精神去做事不可。如果一个人在工作中本领过硬、技术精湛、态度严谨，那么他必定能出类拔萃、脱颖而出。

全力以赴、力求至善的精神对一个人在职场上的影响是无可估量的。这种精神一旦主宰了人的心灵，渗透进一个人的个性中，它就会影响一个人的行为和气质。所谓"差之毫厘，谬以千里"，"平庸"和"卓越"，"一般"和"最好"之间，存在着巨大的差别。做事追求完美的人，不会轻易放弃自己坚定的信念，没有什么能比圆满地完成一项工作、一件作品更能令人愉快的了。我们只有顽强奋斗，精益求精，才能磨炼出超人的才华，激发出那潜伏的高贵品质。

Part 8

美女心计，踏准领导的节奏起舞

——让领导无法拒绝你的升迁实力

成功的机会总是属于那些主动晋升的人，因为当一个人对公司提供更多更有价值的服务时，成功也会伴随而来。一般说来，时刻和领导保持一致并帮助领导取得成功的人，往往最终会成为企业的中坚力量，自己也会成为令人艳羡的成功人士。

对领导尊重有加

如何对待领导是一门精深的学问，领导不能以好或者不好来区分。尽管不是所有的人都能遇到令自己心悦诚服的领导，但对领导表现出最起码的尊重是必需的。不尊重他人本身是缺乏修养的表现，尤其是不尊重领导，更容易导致对方的不满，使自己很难在团队中立足。

黄英工作3年了，她越来越觉得无论在工作能力方面，还是在为人处世方面，自己的领导都特别窝囊。很多同事也说领导的能力不如黄英，这让黄英感到更加压抑。记得刚工作那会儿，她对领导怎么看都不顺眼，公司的财务报表、进账出账等，每一样都离不开她。

每次听到领导提出的有关财务方面的愚蠢问题，黄英都会在心里哀怨：如果我是领导，我们这个部门对公司的贡献肯定会更大。她把自己的心事跟朋友谈起的时候，对方也说曾碰到过类似的情况，有的领导能指方向，但不会干实事，乱讲一通，出了问题后，反过来责怪下属糟蹋了他的创意；有的领导自己没主意，让员工来出谋划策，最后抢过去占为己有；还有些领导固守老一套，员工想创新，他却百般阻挠……面对这样的难题，却不知如何解决。

客观地说，对领导，一定要理智地分析和看待，切不可感情用事。一般而言，领导在各方面都应比下属高出一筹。如工作经验丰富，有较强的管理、组织能力，看问题有全局观念等；还有的领导具备个性方面的优点，如工作细心、性格直爽、办事果断等，这些都值得下属尊重和学习。

然而，人无完人，领导一样会犯错误，会有缺点，这是无法避免的。这时，有些下属就会觉得领导水平太低，尽管表面服从，心里却缺乏尊重，甚至抢白、顶撞领导，时时处处表现出高出领导一筹。毫无疑问，缺乏尊重，会使你与领导的关系严重恶化；何况，不尊重他人本身就是缺乏修养的表现，也容易导致同事的轻蔑和不满，这样的人在集体中很难受到欢迎。

不是所有的人都能遇到令自己心服口服的领导。人生来就不一样，有的人性急脾气大，有的人办事慢吞吞，有的人聪明得天下无敌，有的人谦卑得总说"对对对"。如果你正好碰上了对脾气的领导，那是福气；如果没有碰上，那是正常。所以，在工作中，最重要的是如何与领导相处，这不仅关系到你目前的职位，还将涉及你下一个职位。

如果你的领导很聪明、很拼命，那你只好多干活、多出汗，别无选择；要是你跟不上领导的快节奏，那只好早日另攀高枝，否则就不要怪领导一脸"阶级斗争相"来找你谈话。

如果你的领导十分随和，就是不出成果，没你能干，那你要么老老实实多陪他聊天，时不时拿点东西让他向上级汇报，等他哪天开恩把你提拔上去；要么就悄悄地时刻准备着，找机会开溜，不让自己的上进心陪领导浪费宝贵的"革命"青春。

总之，不要与领导怄气，这种行为是最愚蠢的。也不要嫌弃、抱怨领导，因为大凡是领导，总有闪光的地方。或许领导在很多方面不如你，但职场比拼的是综合素质，而不是专能。领导通常抓的是全局，不必做到样样精通。再说，即使在一个部门，你也不可能完全熟悉所有的流程和环节。人家坐得比你高，自然有理由。尺有所短，寸有所长。你的功夫多半比不上他的一技之长，或者你的经验阅历略逊他几分，至少他的综合素质胜你一筹。

如果你的能力确实超过领导，而你暂时又不想炒掉他，那你就有必要装装糊涂。因为领导多半是有疑心病的——在他们漫长的职业生涯中，难免有一些人得了他的好处却不知报答，或是会背叛他，久而久之，他们对别人都不太敢推心置腹了。还有的领导觉得属下就应该永远比自己差一截，这样他们才会有成就感。这种人只会提拔能力比自己低的属下，一旦发现属下的能力可能高于自己，就会立刻坐立不安，还会对下属施加压力。因此，当你的才能高于领导时，切勿锋芒毕露，以免引发领导的猜忌之心。

就算为了团队，也不要把对领导的不满放在脸上，因为那会影响到别人，也可能会给别人可乘之机。他们或许会说闲话：那个部门领导实在不怎么样，瞧，连他们自己部门的人都不服气。这样不但给了人家把柄，对自己的团队也有坏影响——等哪天公司有了重要任务，领导哪敢把这活儿交给压不住下属的领导呢？到时候，就只能眼睁睁看着别人的团队立功领赏了！

俗话说，"千里马常有，而伯乐不常有"，所以，更多的时候，我们要学会做自己的"伯乐"。

要善于和领导沟通

在工作中，能够准确、完整地表达自己的想法才能获得别人的好感和信赖。因此，我们要学会跟领导沟通，让他知道你不仅会干活，还有不少想法，才会让他觉得你是一个值得栽培的好员工。

张薇薇从小受到父母的教育，要埋头苦干，而不要夸夸其谈。这招儿在学校挺灵的，可到了公司，她依然谨守父训：

事业是干出来的，不是用口夸出来的。因此，一直不怎么跟人说话。部门会上讨论项目时，她总是躲在角落。虽然她觉得那几个口若悬河的家伙说了太多废话，提的建议也不怎么高明，可她也不愿出风头去与他们争辩。然而，部门经理特别喜欢那些发言活跃的分子，对埋头苦干的张薇薇则视而不见。时间长了，看到活跃分子们不是涨工资，就是被提升，张薇薇觉得很郁闷，于是尝试改变自己。

张薇薇开始主动与经理进行沟通，把自己的新想法告诉经理，并且让经理支持她提出的建议。由于她的建议给公司创造了新业绩，经理越来越重视她，她也越来越敢于和经理分享自己的想法，就这样形成了良性循环，工作得十分顺心。

人与人之间需要沟通的重要程度往往超出你的想象。如果你不愿或者不能将自己的想法表达出来，那么你就很难与领导进行友好的交流，而一个不善于陈述自己想法、不能清晰表达自己的思想的员工，势必很难得到领导的信赖和欣赏。对于你的工作、你的企业，你可能会有各种各样的意见和建议，因此必须学会表达自己的看法。领导需要的是热情和充满活力的员工，你若沉默不语，通常会被他理解为漠不关心。因此有时候，即便你与别人的意见相同，也应该用自己的语言把它表述出来。

当然，让你和领导沟通想法，你就不应该只是发发牢骚或者夸夸其谈而已。多和领导就某些具体的事情或问题分析你的想法，会让你工作得更开心。当然，你需要注意，跟领导交流意见同样需要技巧。你要深思熟虑，懂得如何巧妙地提出，充分考虑谈话的内容和表述方式——这关系到你是否会被委以重任，是否能得到更好的发展机遇。

领导每天要办的事很多，而人的精力总是有限的，所谓"智者千虑，必有一失"，如果你提出的建议能让工作进展更好，他心里当然会感激你。

罗琼在公司经常受到部门经理的斥责。为了缓和这种不协调的上下级关系，一次加班后，罗琼主动邀请经理吃晚餐。在吃饭的过程中，罗琼坦诚地对经理说："你经常对我动辄就加以指责，使我心情很不愉快，常处于羞愧与愤怒之中。老实说，我觉得自己的过失并没有你说得那样严重，你的指责有点过分了。虽然有些不舒服，可是后来冷静一想，你对我的种种指责毕竟说明了我确有不妥的地方，正是它们让我看到了自己身上的缺陷和不足。在我们相处的这段时间，你的确使我进步了很多。所以我觉得，我不仅不应该生你的气，还应该感谢你。"

这番看似自我检讨的话，事实上也是对领导的巧妙提醒。就这样，后来，罗琼与经理之间的上下级关系不仅得到了缓和，而且两人还成了可以信赖的朋友。

如果你不是一个善于陈述自己想法的女人，那么从今天起，你一定要去尽力地学习、掌握这种能力。若能恰到好处地陈述自己的想法，那么领导在了解你的同时，还会更加信赖你、欣赏你，是你获取领导信赖必不可少的条件之一。

用体贴软化领导的心

在我们的职业生涯中，势必会遇到一个影响你事业、情绪和健康的领导，成功地与领导相处，不但对我们的事业前途大有裨益，而且还是一块试金石，最能锻炼我们思考和处理人生难题的能力。这些领导里，有的可敬，有的可爱，有的也可恶——但请记住，不管是哪种，他或她都是你的领导，抬头不见低头见，更何况"人在屋檐下，不得不低头"！不过所谓"低头"，也不是叫你低三下四，而是要有方法、懂技巧地低头。作为女人来说，要学会利用天生的性别优势，以柔克刚，博得领导的好感。

在一个团队里面，尽管领导位于金字塔的上层，拥有不言而喻的威望，但他们也会遭遇工作和生活上的困难。如果你能敏感地发现，并及时给予关心，想方设法为领导排忧解难，那他自然会乐于与你交往，并且在不自觉中，也会对你在工作上加以指导和照顾。

　　苏珊的领导一直都很优秀、很出色，可是有一天，她发现领导的脸上显露出一丝悲伤的神情，很可能是他的家里发生了什么事。虽然他没有说出来，一直在努力地隐藏，但一些细微的情绪还是不自觉地在脸上流露出来。女人较男人心思缜密，作为下属的苏珊更是善于观察并捕捉到这些细节。比如，领导无心工作，平时那张极有活力的脸已失去了朝气，还会不时地眼神呆滞地望着窗外。注意到了这种微妙的表情和脸色变化后，苏珊寻找适当的机会，友好地对他说："家里都好吗？"以随意问安的话来试探他一下。

　　"唉！我老母亲突然生病了！"领导叹了一口气。

　　"什么？阿姨生病了！现在怎么样？严重吗？"苏珊表现出很关心的样子。

　　"只是心口痛的老毛病，不需要住院，医生让她在家中静养。"

　　"您别担心，一定会没事的，多去陪陪她。单位或您家里有什么用得上我的地方，请您不要客气，尽管吩咐，我这些天都有空。"

　　"谢谢……"

　　苏珊对领导的细心与关爱，给他留下了很深的印象。经过了这番交流后，彼此的感情也增进一步。由于担心和难过，领导的心灵在这时是比较脆弱的，作为下属，我们应当设法淡化他的担心。在没有人知道的情况下，我们应该主动设法去了解领导的苦恼，这份关心和善意，会让领导备受感动。

　　除此之外，在日常工作中，我们还要时不时地站在领导的角度考虑问题，多为领导想一想。很多时候，我们会因为一个陌生人的点滴帮助而感激不尽，但我们却总是对朝夕相处的领导的种种恩惠熟视无睹。人们习惯性地将工作关系理解为纯粹的商业交换关系，认为相互对立是理所当然的，而事实上，虽然雇佣与被雇佣是一种契约关系，但是两者并非是对立的。从利益关系的角度看，是合作双赢；从情感关系角度看，也是一份情谊。不要认为领导就是压迫你的人，你可曾看到他们的压力和责任？遇到委屈的时候，不妨试着站在他们的角度去想想。

委婉地向领导提建议

　　作为一个驰骋职场的女人，我们一定要明白这个道理——那就是领导尤其爱面子。他们很在乎下属的态度，通常以此作为考验下属对自己好不好、尊重不尊重的一个重要指标。在现代职场上，很多领导都是武大郎开店——容不得下属比自己高。他们一不喜欢下属对自己的想法说三道四，二不乐意自己的下属给自己提意见或建议，以为这些都在蔑视自己的权威，想取而代之。

　　任何一个成熟的女人都不会愚蠢到引起顶头领导的不悦，也会尽量避免让领导尴尬。如果我们随便否定领导的观念，必然会惹怒领导。尤其是你不分时间和场合，有一说一，实话实说，直截了当，甚至锋芒毕露的时候，领导自然会觉得你是要扫他的面子、对他的失误落井下石，因而把你的一片好心当成了"驴肝肺"。相反，如果你能注意自己提意见或建议的时间、地点和方式，多顾及领导的面子，你的领导才会接受你的一番好意。

　　杨丽华大学毕业后，应聘到一家贸易公司。她工作努力，能力很强，也很上进，但在公司干了几年，一直都没有得到提升。与她当时一起进公司的同事中，不少都做了主管，可她还是一个最底层的员工。其中的原因，周围的同事们大都知晓，只是她自己还是不清楚。

　　有一次，杨丽华的部门主管陪同公司领导一起检查工作。当他们走到她的办公桌前时，杨丽华突然站起来，对自己的主管说："我想提个意见，我们部门的管理太混乱了，有时连客户的订单都找不到。"也许她说的是事实，但面对主管顿时铁青的脸色，此事的后果就可想而知了。

　　有人也许会说，杨丽华这样做是为了公司的利益，想增加公司的工作效率。但她却选择了一个错误的时间和场合，要知道，谁也不愿当众出丑！这样做非但不能帮助公司改进工作，还会因此大大得罪了自己的顶头领导，显然是不值得的。就算有意见，你也要找到一种妥善的方式和上级沟通，最好出之以礼，就算内心不服，也不能当众指责。当众羞辱他人，只能说明你还不成熟，缺乏理性。

上面的例子虽然简单易懂，但它传递的道理却很深刻。是的，遇到问题时，我们可以提出自己的建议，但一定要注意自己的方式、方法，不要总是以一种批评或者命令的口气。有这样一个小例子很值得我们深思，说的是著名工程师惠尔如何推动一个刚愎自用的工头前进的故事。

有一次，惠尔想在其负责的工段更换一个新式的指数表，但他想那个工头必定是要反对的，于是惠尔就略施小计。据他自己说："我去找他时，腋下夹着一只新式指数表，手里拿着一些征求意见的文件，当我把这些文件给他看时，我把那只指数表从左腋换到右腋地移动了好几次，终于他注意到了。'你拿的是什么？''哦，这不过是一只指数表。'我漫不经心地说着。'让我看一看哦。''你看它做什么？你们部里又不用这个。'我装作很勉强的样子将那指数表递给他，当他审视的时候，我就随便地、但非常详细地把这东西的效用说给他听。他终于喊起来：'天哪，这正是我早就想要的东西！'"

惠尔采用欲擒故纵的方法，很巧妙地达到了目的。我们在与领导接触时，也可以采用这样的方法，这比直接提出意见的效果要好得多。

威尔逊做总统时，在他的顾问班子里，唯有霍士最得其信任。威尔逊很少采用别人的意见，或是根本不采用，而霍士却屡屡进言成功。后来，霍士做了威尔逊的副总统。霍士自述说："在一次偶然的机会中，我发现了一个让总统接受我建议的最好办法。有一次，我去谒见总统，向他提出一个政治方案，他对此表示了反对。可是几天之后，在一次筵席上，我很吃惊地听到，他将我的建议当作他自己的意见发表了。从那之后，我总是先偶然地把计划、建议透露给他，然后让他自己感兴趣。"

霍士的秘诀是使威尔逊自信这种思想是自己的，那么，他是如何做到的呢？相传，霍士常常走进总统办公室，以一种请教的口吻提出建议："总统先生，您觉得这样做还有什么不妥吗……不知道这个想法是否……我们是不是这样……"就这样，霍士把自己的思想不露痕迹地灌入了威尔逊的大脑，使他从自己的角度考虑这些计划，加以完善并最后付诸实施。

很多女人常常苦于自己的意见不被重视，其实仔细找找原因，可能就在于太过强调"我"字了。她们总想表明"这是我的主意"，但很明显，领导却更喜欢他自己的主意，他们对自己想出来的主意更有好感。所以，当你给领导出主意时，设法让他觉得这个主意是他自己想出来的，可能更容易被他接受，而你的职场道路也会更通畅。

甘心做领导的绿叶

大多数人在工作中取得一定成绩后，总会想着自己的功劳。聪明的女人却懂得把这份成功和自己所取得的荣誉归功于领导，这样做，能显示出对领导格外忠诚。

夹在领导和同事之间，高调做事，低调做人无疑是对的。如果你表现得太优秀了，不甘心做领导的绿叶，难免不受到排挤。虽然领导喜欢下属中有"红花"的出现，可直接领导对待"红花"，却总有那么一丝的不爽。

某公司部门经理蔺宇由于办事不力，受到公司总经理的指责，并扣发了他们部门所有员工的奖金。这样一来，大家都很有怨气，认为蔺经理办事失当，造成的责任却由大家来承担，一时间办公室里怨气冲天，蔺经理的处境非常艰难。这时，秘书刘萍萍站出来对大家说："其实在受到批评的时候，蔺经理还为大家据理力争，请求总经理只处分他自己，不要扣大家的奖金。"听了这些，大家对蔺经理的气消了一半儿，刘萍萍接着说："从总经理那里回来时，蔺经理很难过，表示下个月一定想办法，把大家的损失通过别的方法弥补回来。其实，这次出现的失误，除了蔺经理的责任外，我们大家也有责任。请大家体谅蔺经理的处境，齐心协力把部门业务搞好。"

刘萍萍的调解工作获得了很大的成功。按说，这并不是秘书职权之内的事，但她的做法却使蔺宇如释重负，心情也豁然开朗。接着，蔺宇又推出了自己的方案，进一步激发了下属的热情，纠纷很快得到了圆满的解决。在这个过程中，秘书刘萍萍作用是不小的，她既帮助蔺宇解决了眼下最为棘手的问题，又跟同事搞好了关系，赢得了领导和同事的一致赞赏。

在工作中，还有可能出现这样的情况。某件事情本来不是你的错误，明明是领导耽误了或处理不当，可在追究责任时，他却无缘无故地批评了你，这时的你应该怎么办呢？如果你对领导说，我没有错。后果可想而知，领导正在发火，你却火上加油，只会让事情越来越糟。唯一的做法就是，不管是否是你的错，不妨先默认下来。

李秘书在接到一家客户的传真后，立即向经理做了汇报。可就她在汇报的时候，经理正在会议室与另一位客人说话。听了李秘书的汇报后，他只是点点头，说了声："我知道了。"然后便继续与客人会谈。

两天以后，经理把李秘书叫到了办公室，怒气冲冲地质问她，为什么不把那家客户发来的传真告诉他。

在这种情况下，李秘书深知自己并没有耽误事，真正耽误事情的是经理。可她没有反驳，而是老老实实地接受了批评。

其实大家都心知肚明，经理也明白李秘书向他汇报过了，的确是他自己由于当时谈话过于兴奋而忘记了此事。但是，经理可不能让别人知道他渎职，耽误了公司的生意，必须找个替罪羊，以此为自己开脱。而李秘书也深深明白这一点。事过之后，她立即找出那份传真，连夜加班，打电话、催数字，很快地就把需要的材料准备齐整。就这样，经理也愈发看重这个懂得"忍辱负重"的李秘书了。

有这样一句话："干得好是由于领导的英明、伟大，干得不好是由于我们执行领导的决策不够得力，水平不高。"作为下级，最忌讳自伐其功，自矜其能。因此，当领导发怒的时候，聪明的女人要学会替领导担错误，减少不必要的争执，给领导也给自己留下后路。如果不懂得适时退让，不甘心做领导的"绿叶"，你就很可能因此而遭受更大的损失。

让自己变得不可或缺

塞内加曾说："只有少数人以理性指导生活。其他人则像湍流中的泳者——他们不能确定自己的航程，只是随波逐流。"

职场上，充分利用自己的优势和资源，抓住机会，让自己成为公司的核心人物，成为一个原子核，你才能在工作中立于不败之地。

刘旭已经在北京某公司工作了近10个年头了，但是她的薪水却从来也没有增长过，而且也没有要增长的迹象。终于有一天，她实在忍不住向领导诉苦，领导却很坦然地说："你虽然在公司待了10年，但是你的工作经验和工作技能却是不到1年，现在也只是勉强达到新手的水平。"

生活中，像刘旭这样的人可谓大有人在，她们经常觉得自己为公司做了不少事情，却总是像一缕青烟飘过，没有什么绩效，引不起领导的丝毫重视。每当公司在精减人员时，这些人却被排在了首位，为什么会这样呢？我们在抱怨遭受不公平待遇时，应该看到事情的症结所在，如何解决这样的问题呢？

一个很重要的原因就是，虽然你中做了不少的事情，但是在领导眼里，你的工作谁都可以胜任，因为你不能独当一面，这样的人，自然就变得可有可无。反之，如果你能够让自己在某个职位上变得不可或缺，即使你的职位很低，你也会成为公司不可缺少的人才。

杨霞是一家五星级大酒店的面点师，她外表朴实，言辞木讷。领导甚至一度想辞退她，因为她身上实在没有什么特别的长处。但杨霞会做一道非常特别的甜点：把两只苹果的果肉都放进一只苹果里，果核也被她巧妙地剔除，可是从外表看来，一点也看不出这是由两只苹果拼起来的，就像是天生的苹果一样。而且，这道甜点吃起来特别香甜。杨霞非常喜欢做这道甜点，只要一有空闲，她就开始研究这道甜点的制作和改良。有一次，一位长期包住酒店的贵夫人偶然发现了这道甜点，品尝后非常欣赏，并特意约见了做这道甜点的杨霞。后来，这位贵夫人时常邀请自己的朋友来这家酒店，目的就是为了品尝这道甜点。因此，杨霞不但没有被领导解雇，她的薪水还有了很大的提高。

如何让自己成为那个不可或缺的人呢？要想不被人替代，你就得有一手绝活，你一定要发现自己在哪个方面最闪光。如上述故事中的杨霞，她不会做大场面的佳肴，但凭苹果甜点这一项特殊的技能，不仅获得了领导的认可，而且自己的待遇也有了显著的提升。可见，如何让自己变得更加重要，是在公司发展的关键。

公司的利益，与员工的利益是一致的，公司是员工实现自己价值的载体，如果我们可能为公司创造更大的价值，公司绝不会视利益于不顾。

宋静是学机械出身的，主要方向是机械设计。她工作不久，公司接到一个利润可观的活儿，可是时间很紧张，人手也紧缺。宋静接到其中一个项目的图纸设计，不过她是助手，主要负责人是一个在公司工作多年的工程师。可是，事情突然发生了变化，他们工作两天后，负责人患上了急性阑尾炎住院了，这对于公司而言，真是雪上加霜，因为这时候没有更为合适的人选来承接工作了。此时的宋静对这个项目已经心里有数了，她非常有信心做好这个图纸。于是，她自告奋勇地向领导保证，能够独立完成这项工作。领导反复思考了之后，由于没有更合适的人选，也就只能把任务委派给她了。

在这个星期里，她几乎是废寝忘食。功夫不负有心人，她如期完成了工作，图纸也得到了客户的认可。宋静在领导心目中的分量加重了——宋静不仅具备能力，而且能在危急时刻独立承接工作，正是公司需要的人才。又经过几次考察之后，领导毫不犹豫地让宋静担任了设计部门其中一个工作组的组长。后来的事实证明，领导的决策是正确的，宋静的表现果然不负众望，她的职位一升再升，成为公司不可替代的一名优秀员工。

宋静自己说："我在一开始就不愿意被别人带着工作，能够独立承担任务对于我来说，更加有利，更能发挥我的才能。"

职场上竞争激烈，如果你稍微落后一点，就会把更多的机会留给别人。对很多人来说，获取一个职位可能是轻而易举，但如果想让自己获得更多的承认，唯一的方法就是独立承担任务。这一条适用于很多场所，也是目前为止最有效的方法之一。

　　只要能做到不可替代，那么即使走出现在的港湾，社会也会需要你的不可替代性，因为你的价值是社会认可的。不仅仅是公司认可，就像黄金的价值一样，不因为国度的不同而有所差别。

打造自己的行业品牌力

　　你是行业明星吗？在你所置身的行业，你具有广泛流传的良好口碑吗？对于每一个职场中人来说，个人品牌是客观存在的，但让其自然成长还是潜心打造，效果大不相同。成功的个人品牌大多是潜心打造的结果。有意识地去打造个人品牌，能使你的职场身价不断攀升。

　　所谓个人品牌价值，简单地说，就是给自己一个独特的定位，让自己的特质从人群中凸显出来。之所以日益凸显个人品牌的重要性，是因为职场已经发生改变，个性的年代需要你的个性。雇主也会因为你表现出来的价值而雇佣你。因此，有效的包装不仅仅适用于产品推广，也同样适用于个人职场生活的长久发展。而个人品牌就是这样一种包装手段。

　　建立个人品牌，首先要进行"品牌定位"，弄清以下几个问题：

你想要成为什么职业人？

你的工作有何价值？

你有何价值？

每个人的个性不同，品牌定位就不同，必须找出自己与他人不同的特点：

你最值得他人注意的个人特点是什么？

别人认为你最大的长处是什么？

经营个人职业品牌如同经营商品品牌一样，就是设计、规划、经营自己的职业生涯。对具有个人职业品牌的人来说，其姓名不仅仅是一个代号，而且包含了知名度、美誉度、雇主满意度和忠诚度。根据职业生涯的发展特点，职业品牌包括定位、承诺、推广、包装等经营策略，所有的经营策略最后都是为了实现一个目标，即形成个人职业品牌合力。

怎样用专业视角来看待自己的职业生涯规划，来设计、规划、经营自己的职业生涯呢？让我们先来看看职业品牌的经营路线：

第一步，承诺——你能提供的核心价值

承诺是希望提供给目标雇主群的品牌感觉，是区别于竞争对手（其他职业品牌）的核心竞争力和核心价值。

第二步，定位——你的个人特质和想要实现的职业目标的最佳结合（利益和特色的结合点）

将自身的职业特色和职业利益很好地结合起来，满足目标雇主群的需要，职业品牌的经营就会有完美的结局。

第三步，推广——你的价值由谁来体现、如何体现（价值体现方式）

个人职业品牌永远离不开雇主品牌。例如，如果你就职世界500强的企业，你可能就不需要特地为自己做推广——因为不需要。只要你恪守职业本分，广结职务内的善缘，雇主的成长就足够让你的职业品牌在业内形成知名度、美誉度。从这个意义上讲，推广是由雇主的选择来决定的。

第四步，包装——你的品牌个性（职业个性）

如何将自己的技能和工作的风格，包装形成一个可接受、可辨识的特色，这是建立职业品牌的关键。职业品牌的外在包装就是你的职业个性体现。职业品牌的建立范围应该是在一个既定的企业内取得辉煌的业绩，赢得同事的认可，然后树立了大家对这个人综合素质的认可，工作信用值高。精深的专业技能和良好的职业素质是个人品牌建立的重要元素，也是个人品牌的核心内容。

怎样塑造你的职业品牌呢？

打开门，走出去。

无论你愿意与否，开门势在必行。唯有打开自己，才能接受外部世界，最终被现实世界接纳和认可个人职业品牌。过程的快慢将直接决定开门后的成功。

主动地展示自己。人要学会把自己当作商品来主动宣传，学会推销自己，把自己的职业含金量表现出来。首先是"内衣秀"，即在内部一定要学会经营自己，在公司的各种会上要多发表言论，多向董事会提建议，树立你在企业内部的知名度和威信。其次是"外套秀"，即在外联活动中经常提出新观点、新见解，时常爆冷门，你不但要紧紧跟住潮流，还要主动创造潮流，始终让自己走在别人前头，时刻让自己处在风口浪尖。

打开同行交流之门。要想在业内有更大的影响，那就不可避免地要与同行交流、沟通，向同行去学习。所谓"物以类聚，人以群分"，同行是冤家，更是朋友，只有你的对手才能真正让你成长。在和同行交流时，你的一言一行会完全体现出个人胸怀，所以要更多地抱着学习的态度。

别忘了与时俱进。你一定要有自己了解外部环境、收集信息的一套方法。例如，观看国内外新闻，了解专业媒介观点和看法，准确了解相应变化趋势……要知道，找到自己需要的信息往往比如何赚钱更重要，因为阻碍发展的往往是你掌握的信息不够。

学会分析市场规律。

随着经济的发展，并购潮涌，企业也加速了新陈代谢的速度。你必须把职业命运掌握在自己的手中，通过各种职业生涯管理方式为自己的职业命运把脉，以最终促成职业品牌的可持续发展。

分析市场规律。要知道，市场是职业品牌发展的风向标，所以必须学会心随市场变，及时了解市场变化，在被动的制约中争取掌握最大主动权，在自身所涉及的行业企业中拓展自己成为一个行业市场的半个专家。市场经济游戏最信奉"规则"理论，你不能只关注自身工作内容，却忽略了真正的"大局"。

分析行业发展规律。行业发展是个人发展的晴雨表，看行业晴雨变化即知自身价格冷暖。不同行业对就业者知识储备、工作经验、技能掌握的要求都是不相同的，而且不同周期和不同阶段都会出现不同的需求。如何让自己在有限的时间内做出最被认可、最受关注的成绩？那就只有紧跟行业发展，才能高屋建瓴地把握全局，更好地了解行业发展，从而更具竞争力。

分析企业发展规律。企业是我们的衣食父母，而企业又以战略为重，你若不知企业战略、不明行动方向，就很难找到自身发展目标。你必须了解董事会动态、从企业组织管理调整、相关招聘或裁员行动及市场拓展方向等诸多方面把握公司走向。

积极改变自己的现状。为提升自我、追求个人进一步发展，及时权衡利弊，主动换位、换职、换企业，全方位地使用内外跳槽以谋求发展。

在企业内部换职。当你遇到了发展的瓶颈时，首先不要忽视在企业内部找出路的可能性，毕竟在这个企业工作了一段时间，对企业有足够的了解和认识，更重要的是还可以填补自己跨岗位经验方面的竞争力缺陷。巧妙的职位轮换是职业品牌的又一个发展契机，要顺应企业的组织结构的变化调整。换位时，你首先要注意企业内部可利用的职位，做好相关准备。不妨看看企业内部有哪个部门、什么职位你能够胜任，然后有针对性地去争取。

主动晋升而不是等待提拔

一个企业选择员工时通常是从学历、实力等方面加以考虑。如果你这几方面满足了条件，进入企业工作便不是问题。但不想当将军的士兵不是好士兵，所以，在做好本职工作的同时，主动晋升才是职场中的发展之道。

我们必须明白：成功的机会总是属于那些主动晋升的人，因为当一个人对公司提供更多更有价值的服务时，成功也会伴随而来。任何一个领导都在寻找这样能够不断"升值"的员工，必以他们的表现来奖赏他们。

没有一个领导会欣赏那种"按钮式"的员工，他们需要在职场有上进心、能够主动晋升的员工。

赵琳是一家电子公司研发部的职员，在工作中，她经常认真地寻找一些组织管理中的漏洞和失误，并从中找出一些具有挑战性的问题。

尽管她的这种做法，常常令领导和同事头疼，但正是她的这种负责精神，为公司避免了许多不必要的损失。

有一次公司高层制订了一个战略规划，准备研发一种新型的胶印机械。这个方案已经全部做好，款项也陆续到位了。但是，赵琳在刚刚接手设计工作时，就对这个待开发产品产生了怀疑。

她认为，这个项目在操作上有许多仓促之处，再加上高管层在制订项目规划时，没有进行详细的论证，一旦产品开发出来，可能会被市场淘汰。

因此，她详细地把自己对这个产品的怀疑写成书面报告，并提了很多建议，交给了领导。由于她见解深刻，公司高层重新召开了研讨会，对市场状况和这个项目进行重新论证，又经过专家的审查鉴定，这个项目被重新修订。而赵琳的行为也深深地感动了公司管理层。

在职场中，很多人缺少赵琳的主动精神，他们满足于自己目前的状态，既不学习，也不对自己的工作进行全面、认真的思考，认为只要按领导说的办就行了。

在工作中不观察、不动脑，当然也不会主动地发现工作中的问题。更有甚者，明明看到了工作中的失误和漏洞，也觉得"这不关我的事""总会有人发现的，不用我出面"。这其实是一种不负责任的行为，长此以往，就会使自己的头脑中充满惰性，摧毁自己思考的动力和创造的活力。

Part 9

用心经营，嫁给谁都能很幸福

——让老公无法拒绝你的婚恋修为

在经营爱情和婚姻方面，女人比男人担当着更为重要的地位。无论是在爱情还是在婚姻中，作为女友或妻子，都要懂得用心守护好来之不易的幸福和爱。在男人心里，一个善解人意、懂得体谅和宽容的女人，永远都是男人的至爱。

成功男人背后一定有个好女人

心理学家认为，在婚姻关系中，女人担当着重要的地位。

男人要想出人头地，就必须组建一个健康、和睦、幸福的家庭。没有稳定和谐的家庭作为支柱，男人是难以肯定自己的才华、相信自己的能力、突破自己的圈子、超越自己的极限而获得成功、实现自己的理想的。这时，绝大多数有所成就的男人无不是需要一个得力的"贤内助"妻子，朝夕陪伴，风雨兼程地与自己打拼天下，共同取得辉煌业绩。

而有了幸福美满的家庭做后盾，男人就不会畏首畏尾，故步自封，而是放心胆大地去施展能力，努力奋斗，尽快实现自己的梦想。

俗话说"成功的男人背后都有一个好女人"，所以一个好妻子在家庭中担当着重要的地位。男人的成功离不开一个知心的妻子的支持，而懂事的识大体的妻子总能为丈夫免去后顾之忧，让男人一心用在事业上。

有一次罗杰斯为了写作，住在了一个农场。有一天，他突然想要一把大刀——一种外形丑陋、杀伤力很强的南美大刀。

罗杰斯太太不了解她的丈夫为什么要这件东西,她的第一个反应是劝他不要去买。如果他有了这么一把大刀,到底他想拿来做什么呢? 可能只是拿来看一两眼就把它搁到一边忘了吧。

想了一会儿以后,罗杰斯太太决定支持他。她甚至还走了一段很远的路来到城里,亲自为他买回这把大刀。这使得罗杰斯高兴得就像是要过圣诞节的小孩子。

在罗杰斯心爱的牧场里,有一带长满了多刺的矮树丛。他经常带着这把大刀,在这个矮树丛砍伐几个小时,清理出可供马匹和行人通过的小路。他在那儿大砍特砍是完全而彻底地自我消遣。过了一段时间以后他回家了,全身流着大汗,而他的困难解决了,他的牧场也更漂亮了。

罗杰斯时常说,那把大刀是他曾经收到的最好的礼物之一。罗杰斯太太想起她那时的情况,总是感到非常高兴。

男人的成功离不开女人,意思并不是说所有的成功男人都一定要依赖自己的另一半,而是通过妻子的背后相助,使自己距离成功更进一步。所以,聪明的妻子总是善于帮助丈夫解决问题,即使自己的主意和方法看上去不怎么高明,也希望获得丈夫的赞赏。而当妻子帮助丈夫解决了难题和困境之后,丈夫反而会更加信赖妻子,以后不管遇到什么事情都愿意和妻子沟通商谈,而妻子也在这个过程中获得快乐。

　　"贤内助"式的好妻子不仅在事业上会助丈夫一臂之力，在生活中也能细心地搭理好一切，解决后顾之忧。比如替他在公婆面前多尽一份孝心；替他在孩子面前多尽一份责任。让他抛却所有的顾虑和担忧，一心一意地工作，这才是做妻子对丈夫的真正帮助。

　　总之，男人的成功离不开女人的支持，女人的魅力也离不开男人的赞赏。在家庭中做丈夫的好妻子，在事业上做丈夫的好伙伴，一起同甘共苦，风雨同舟，岂不美哉！

婚姻最需要爱和包容

　　很多人年轻的时候，选伴侣，只看才貌，根本不管人品、性格和脾气，到了中年时，才会发现原来人的美不在外表，而在具有爱和包容的个性。

　　美国知名情感专家威廉斯说："世上每个人都需要别人的关怀和注意，这是千古不变的道理。"人是有情的生物，人跟人相处，没有人受得了无情严厉的苛责，更没有人受得了吹毛求疵的脾气，尤其是在婚姻里，夫妻之间要讲情，而不要一味说理。

　　赵启航人长得帅，家世又好，娶了一位富家千金做妻子。

按说两人家世品貌都相当般配，站在一起宛如一对璧人，美杀了多少人的眼睛，日子过得应该不错了，可谁想到他们结婚仅仅五年就离婚了。后来赵启航又结婚了，但这段婚姻让大家跌破眼镜，新娘是一位相貌平平的服务员，她到底是怎么抓住这位贵公子的心呢？

后来，在朋友不解的询问下，赵启航讲了这样一个有关白糖的故事。

他说，他这些年来受够了前妻的折磨和凌辱，忍无可忍才离的婚。前妻是一个要求过头的人，生活上每件事都要符合她的完美要求，一点小事没做好，就好像世界末日来临一样，整个家被她折腾得惊天动地。偶尔，他想找她去散心或温存一下，她光是出门就要花三四个小时，要选衣服和鞋子，而且还要前一天向她预约，否则她会挑不出鞋子和可以搭配的衣服。偶尔，他工作压力很大，想寻求她的安慰，向她吐吐苦水，她却讥讽他没有出息，笑他为何不去找个没有压力又赚很多钱的事做？最后，真正让他爆发不满的，是一袋白糖。

有一天，前妻忽然心血来潮，想要做一道甜菜，傍晚时打电话到办公室给他，叫他下班时顺便到某某超市去买某某牌的白糖。然而，他开了一天的会，人也确实很累了，但他不敢不从。下了班，他拖着疲惫的身子，勉强上路，塞了快一小时的车，终于到了超市，车还非常多，车位很难找，勉强找到车位后，就为了一袋白糖去大排长龙结账。

接着，赵启航全身疲累地回到家，把白糖交给前妻，正想卧在沙发上休息一下，前妻却在厨房尖叫，大骂："你怎么这样笨！我说要某某牌的，你却买成另一个牌子的，你马上给我回去换掉，为什么我说的话你都没在听，你根本不尊重我！"就这样，为了一袋白糖，她骂了半个小时，甚至牵涉到双方家世的问题，还说到他心里有自卑感，才会用这种小动作来捉弄她……

看着妻子那张脸，像有不共戴天之仇般地狰狞着，又累又烦的他气若游丝地说："只不过是一袋白糖而已，晚餐将就用了，何必这样在意？"但他的前妻根本不听，还是逼他去换回某某牌。忽然间他看开了，站起来说："要买你自己去买！明天我们就离婚吧！"

一向是高高在上的女人，怎么可能被人"开除"，她到双方父母家里大哭大闹，但赵启航铁了心，最终一无所有地净身出户了。

赵启航离婚后，失去了豪宅和存款。他开始坐公交车去上班，吃路边摊，租公寓住。但他觉得自己重生了，感受到前所未有的自由和畅快。

有一天，他和同事去一家小餐厅吃饭，不小心打翻汤，桌面和衣服都湿了，一位女服务员也不怕脏主动来帮他清理，还一直安慰他没有关系，这位服务员就是赵启航后来娶的妻子。

赵启航再婚后，事情巧得很，同样的事情又发生了，某天下班前，赵启航接到妻子电话，同样是要他回家前顺便去买白糖。他同样累到不行，本来想说随便到外面吃就算了，但妻子在电话中好言好语，说什么要特地做好吃的为他补身子，他听了再累也去买。

这时，他想到了前妻的某某牌白糖，到了便利商店，他故意又买另一个牌子的白糖。回到家，妻子满脸笑容迎接他，然后拿了白糖做菜。他好奇地走到厨房，问她是不是某某牌的比较好，妻子撒娇地说，什么牌都没关系，只要是丈夫买回来的就最好。就这样，赵启航很满意他现在这个体贴的妻子，他对朋友说，现在在他眼中，他这位妻子是最美的，没有任何女人可以取代她。

每个男人回到家，回到亲密的伴侣身边，都渴望得到爱和包容。女人也是，都追求一种无怨无悔、夫唱妻随的契合感觉。

拥有爱和包容的人最美，也最容易造就出成功的爱人。社会上不少成功男人的背后都有这样一个聪慧女人。反过来，每个失败的男人背后，通常总有个不懂事又不体贴的女人。当男人压力过大或陷入低潮时，她们却还拼命指责他们或大吵大闹，难怪在这种内外交迫的情况下，很多男人会立志结束这段婚姻。

所以，一定要懂得称赞伴侣的才干，这样他就会更卖力为你工作；经常拥抱他，他就不会生气动粗；吻吻他的嘴巴，他就不会口出恶言。

温柔是女人最重要的美德

一天，正忙着写程序的小于接到未婚妻的电话。因为他的手机开着扬声器，办公室里的每个同事都可以清清楚楚地听到他们对话。

"什么事情？我正在工作！"小于十分不耐烦地说。

"你中午回家买菜哦，我想吃青椒炒鱿鱼了。"电话那边娇滴滴地回答说。

"中午我不回家了！朋友约我出去喝酒！"小于见大家都盯着自己，便故意耍些大丈夫威风。

"你不回家啊，那我一个人怎么吃饭啊？"电话那头的声音依然是娇滴滴、软绵绵的。

"好吧，"小于犹豫了一下，最后说，"我还是回去给你做饭吧。"

一屋子的同事都瞪圆了眼睛，尤其是女同事，都七嘴八舌地说小于的未婚妻有福气。小于说："我天天在家给她洗衣服、做饭……没办法，她就是有福气。"

正是像一位诗人所说的，"女人向男人'进攻'，温柔常常是最有效的常规武器"。倘若故事里小于的未婚妻厉声厉气地说话，想必小于是不会屈服的。正是那几句温言软语，拨动了小于心底那根柔软的弦，所以才能让小于为她在人前人后效力。

马克思说："女人最重要的美德是温柔。"温柔的女人就像一位工笔画的大师，无比精细地敷染着芍药、杜鹃。那种亲切与耐心既不是逢迎，也不是依附，而是一种自信。她们深知，有时男人的情感也很脆弱，希望女人的温柔娇媚给自己在苦斗的间隙里一刻喘息的机会。女人展示温柔，就是在展示美丽。

卢梭也认为："女人最重要的品质是温柔。"温柔的女人像绵绵细雨，润物于无声，给人以温馨柔美之感，令人心荡神驰、回味绵长。温柔的女人具有一种特殊的处世魅力，她们更容易博得人们的钟情和喜爱。温柔之美是女性美的最基本特征。女人最大的悲哀也是失去了温柔，若失去了温柔，就没有了女人味。

有一次，英国维多利亚女王和丈夫阿尔伯特亲王谈话。女王语气里流露出的居高临下，令阿尔伯特亲王有些不悦。他独自一个人走进卧室，把门反锁起来。

过了一会儿，女王在外面用力地敲门。

"谁？"阿尔伯特亲王问道。

"我，"女王傲慢地回答，"请给英国女王开门。"

但屋里没有丝毫动静。

过了一会儿，外面又响起了敲门声，这一次声音轻多了。

"谁？"阿尔伯特亲王又问道。

"是我，维多利亚，你的妻子。"女王温柔地说。

门，立刻开了。

温柔是女人独有的处世法宝和宝贵品质，是男人的甜蜜杀手。"柔情似水，佳期如梦"多么令人迷醉。也许只是一个眼神，只是一次默默的微笑；也许只是伸过来的温柔的手；也许只是一声低唤，一阵呢喃……对男人来说，温柔是酒，只饮一滴，就可回味一生。

然而不幸的是，许多女人并不知道温柔是一种可以克刚的武器，她们害怕自己失去在男人心目中的地位，常常为了维护这种地位而对男人颐指气使，动辄大声呵斥，抛弃温柔，显示出女人最粗糙的一面。可想而知，这样的结果只会适得其反。

没有哪份爱情会长久常新；单凭一纸婚约，很难永远守住一颗心。有人说，婚姻本来就是鲜花灿烂后的落英满地，走向平淡无味是它必然的结局。但幸运的是，和事业一样，爱情和婚姻都是可以用心经营的。而女人的温柔就是维护爱情、婚姻最有力的武器，就像心灵深处的一只纤纤细手，只需轻轻一拂，再强悍的男人也会被瞬间征服。

培养双方共同的兴趣

肖磊在描绘自己与妻子沉闷的婚姻生活时，经常会这么说："每个晚上，我不是出去散步，就是在书房看报纸，老婆则没完没了地看肥皂剧。要是哪天有我喜欢的球赛，我就在办公室或酒吧里消遣一个晚上。我们互不干涉。"

可以想象，这样一对夫妻的感情生活是多么单调和平淡。如果一个人兴趣单一，对伴侣所向往的生活缺乏必要的理解和接纳能力，那么他们在一起时，难免会懒洋洋地打不起精神。一个不能调动起爱人的情绪，激发他/她们爱的人，实在不能算是有魅力的伴侣。

"在成功的婚姻生活里，"美国情感专家史坦因·梅兹在文章中写道，"比起夫妻两人本来就相同的兴趣和习惯来说，学会适应对方的兴趣是更加重要的。"

埃及艳后克丽奥佩特拉是一位很会适应爱人兴趣的女人，她虽然从没有学过临床心理学，却精通不少支配别人的方法——尤其擅长支配男人。

克丽奥佩特拉的爱人马克·安东尼喜欢钓鱼，于是喜爱奢侈豪华的她就不举办大宴会了，而是跟安东尼一起去钓鱼。有一次，安东尼花了很长时间都没有钓到一条鱼，克丽奥佩特拉就叫仆人潜游到水底，把一条大鱼挂在他的鱼钩上，跟他开了一次成功的小玩笑。

为了博取安东尼的欢心，克丽奥佩特拉有时候还化装成平民，然后这一对皇亲贵族就跑到城内的下级赌场和贫民区去狂欢作乐一番。总之，安东尼所喜欢做的每一件事情，克丽奥佩特拉也都表现出很欣赏，两人自然相处得很愉快。

也许克丽奥佩特拉的美色不是最出众的，但她对异性的吸引力却无人可比。这里面的奥秘恐怕就是，她会跟爱人携起手来，共享一切可以得到的快乐。

佛罗伦斯·梅纳德太太住在纽约州北部一个小镇里，是一位平凡的为人妻者。在最初的十多年婚姻生活里，她辛勤地料理家事，但总感觉缺少了什么。后来，她终于发现缺少的是伴侣亲情——她和丈夫极少有共同的兴趣和爱好。于是，她决定采取行动改变这种情况。

"我的丈夫最喜欢职业曲棍球，因此我的第一步是培养自己对这项运动的兴趣。"她说，"在我搞清楚曲棍球是怎么一回事之后，发现自己也对这项运动产生了真正的兴趣。很快，我就跟他一样热切地赶去看曲棍球赛，还记住了曲棍球赛的电视转播时间。就这样，我不仅欣赏到这项令人感到兴奋的运动，替自己找到了新的活动，更避免了在我丈夫享受这项运动的时候，一个人无聊地坐在家里了。"

"从曲棍球开始，我后来又接二连三地找到了其他的一些兴趣，现在我跟我所嫁的男人生活得非常快乐、充实。"

在男人眼里，一个能参与到他的生活里，与他共同分享兴趣的女人，不仅仅是他的爱人，也是他的朋友和知己，这是夫妻之间最为和谐、最为牢固的一种亲密关系。

分享爱人的生活兴趣，并不意味着放弃自己的生活。事实上，当你和他一起沉醉于某项兴趣中的时候，你会发现，自己的眼界也会随之开阔，心胸也会随之豁达，自己也会更加幸福。

给彼此一个独立的空间

社会心理学家指出，给爱人留有自己的空间，是掳获他们心的一招妙计。

与其给爱人一把 "大刀"，却又因害怕而限制他们活动的空间，还不如直接就给一把"小刀"，让其自尊心得到满足。

给爱人足够的空间让他们形成自己的良好嗜好，不仅能使他们身心更加健康，工作更富有创造力，而且作为伴侣的你可以获得更多的信任和喜爱。

一位朋友是单身贵族，有许多女孩子围绕在他身边，可是他就是不想结婚，当问及这个问题时，他曾坦言说他害怕结婚让他失去自己独处的空间，而失去独处的空间也就意味着自己要放弃许多喜欢做的事，这是他最不愿意的。而他周围的女孩子们却往往具有很强的控制欲，让他"望而生畏"。

可能一些妻子对此很不理解，认为有她们体贴关心丈夫的生活不是很好吗？其实不然，作为妻子，尤其是一些以居家为主的女人，自己每天都有相对独立的时间享受自由，对获得自己的空间不太敏感。而在外忙碌的丈夫则不然，因为几乎一整天都在高度紧张的工作状态中，下班之后急需得到放松，这时聪明的妻子就不应该在丈夫面前喋喋不休地唠叨，而应该依据丈夫的喜好，为其创造发展其嗜好的空间。

如鼓励丈夫每周出去和朋友们做他们喜欢做的事，像钓鱼、打桥牌、打打保龄球等，这样不仅能为丈夫培养有趣的嗜好，调剂单调的生活，而且能让他们有自己的空间享受自由，这会让他们感到快乐无比，对妻子心有感激。为了家庭的将来，他们往往会更加愉快地工作，创造的成绩往往也很骄人。

如果夫妻在一起仍然能够保持单独一人的境界，那说明彼此是非常尊重对方的。在这种情况下，共同生活的概念就有了一种新的含义。

一位年轻的女士这样说的：

"我可以和一个男人一起生活，同时又觉得我完全是自在的。我们常常坐在一个屋子里，我做首饰，他做他的事，我们虽然在一起工作，但我的感觉和思考都是独立的。对我们来说，当每人都能专心致志地做自己的工作的时候，就是两人在一起最美好的时光。"

巴克和萨拉则是一个反面的例子，他们不允许对方表达想单独一人待一会儿的要求。

巴克的律师事务所正是兴旺时期，这花费了他的大部分精力。他的妻子萨拉掌管家务和照料孩子，事情干得也很出色。晚饭后她当然乐意坐在沙发上休息一会儿。她希望巴克能和她一起坐一会儿，但是巴克的要求与她的不一样。他说："在事务所里我没有时间休息，回到家里4个孩子又这么闹。为了自己能有个地方单独待一会儿，我把屋顶的小屋扩建了一下。可我不能上去。我一上去萨拉就生气。我还能怎么办呢？我延长工作时间，星期日也去办公室。如果真想躲开一切的话，我就去打高尔夫球。"

一位妻子如果不会自己活动，又不理解丈夫想单独一人待一会儿的需求，那极可能像萨拉一样，使她的丈夫无法待在家里。在家里，萨拉不给巴克一点儿时间自己支配，又非让他与自己在一起消遣，否则便不高兴，那对于巴克来说，只能是三十六计走为上计。最后他也许一走了之——离婚。

有些夫妻的住房比较小，空间上不允许一个人单独有一个地方，对于他们来说，学会两人在一起，同时每人又能单独地活动就特别重要。有的夫妻居住的住宅较宽敞，双方可以常常回到自己的房间去。但是，他们也会觉得两人在一起，同时每人又能单独活动是一种享受。通过这种方式单独一个人活动，会加强双方一种在一起的感觉。

这也许就是"在一起生活"的真正含义。但是许多夫妇恰恰破坏了这种可能性，他们认为，在一起就是要求对方不断地集中精力注意自己。

好女人不要把唠叨、抱怨挂嘴上

很多女人都爱抱怨、唠叨，她们在家里操持所有的事情，然后一脸苦楚地向周围人倾诉。本来，发几句牢骚是一种宣泄情绪的方式，可是经常有人将抱怨变成生活的常态和固定的模式，徒增不少烦恼。

很多人一回家，听到的就是女人的唠叨声、埋怨声和不高兴发脾气的大喊大叫声。而大多数的男人听到这些声音后，都会不假思索地逃离，他们会去洗澡、加班或者一个人出去喝闷酒。

女人一生说话的时间是男人的数倍。她们对着丈夫滔滔不绝，无所不谈，恨不得一刻不停。男人不但要听，还不能说话，以免打断女人的话茬。这种局面久了，再爱她们的男人也会厌倦。

很多时候，男人在外面遭受了挫折，回家就会向女人倾诉衷肠，这说明你是他最亲密、最信任的人。这时候你如果一点也不耐烦，反而喋喋不休地抱怨自己的苦处，就会让他们原本沮丧的心情雪上加霜。

其实，一句抱怨，不如一个充满爱意的眼神，一杯淡淡的茶水，一个亲昵的动作。

狄斯瑞利曾经说："我一生或许有过不少错误和愚行，可我绝不打算为了爱情而结婚。"果然，他践行了自己的主张，35岁时，他向一位年长自己15岁的寡妇玛丽安求婚。这不是为了爱情，他看中的是寡妇的金钱。玛丽安明白他的心思，请他等一年，她要考察他的品行。一年后，两人结婚了。

利用婚姻进行交易历来都不新鲜，可是，出乎所有人意料的是，这桩婚姻竟然被人称颂为最美满的婚姻之一。

玛丽安既不年轻，也不漂亮，学识浅薄，衣着古怪，不懂家务，经常说错话，她似乎具备了女人所有的缺点。可有一样她却是天才，她懂得如何呵护自己的婚姻。

她从不让自己所想到的与丈夫的意见相左。每当狄斯瑞利与那些反应敏锐的人物交谈之后，筋疲力尽地回到家时，她没有盘问，没有抱怨，与之相敬如宾。

每当狄斯瑞利从众议院匆匆回来，跟她述说白天所看的、所听到的新闻时，她会微笑着倾听，并对他的想法或建议表示完全支持。是的，她支持自己的丈夫，凡是他努力的事，她绝不相信会失败。

狄斯瑞利觉得与年长的太太生活在一起，是他最愉快的时光，她成了他的贤内助、他的顾问、他的亲信。

有一天，狄斯瑞利对玛丽安坦承自己的心迹，说："你知道我和你结婚，只是为了你的钱吗？"玛丽安笑着回答："是的。但如果你再一次向我求婚，一定是为了爱我，对不对？"狄斯瑞利点头承认。

两人共同度过了三十年岁月，玛丽安认为，她所有财产的价值，都体现在给了狄斯瑞利安逸的生活上。而狄斯瑞利，则把她看成心中的英雄，陈请女皇封授玛丽安为贵族。

故事中玛丽安既不年轻又不漂亮，似乎没什么优点，可是她却牢牢抓住了狄斯瑞利的心。因为她是一个淡定的女人，生性宽容。她善于倾听爱人，且从来不唠叨、抱怨。

聪明的妻子除了会说还要会倾听

杰利密·泰勒说过："倾听是女人的魅力之一。微笑着倾听丈夫烦恼的女人，远胜过空有一张漂亮脸蛋却喋喋不休的女人。"在婚姻中，高情商的妻子总是善于通过倾听来体会丈夫的苦衷，分担丈夫的烦恼，为丈夫排忧解难，给丈夫以信心和力量。

作为一个妻子，最为自豪的不仅是能够与丈夫分享成功的喜悦，同时也包括倾听丈夫的烦恼与困难。对男人来说，他们愿意与许多人分享他们的成功，却只会向极少数人倾吐他们的烦恼。而那些能够听他们烦恼的人，也正是他们最为信任和亲密的妻子。

从这一意义上来说，要成为一个好妻子，不仅要与丈夫分享胜利，还要懂得倾听丈夫的烦恼。

有许多女人说："我愿意倾听丈夫的烦恼，但他从来都不说给我听！"为什么会出现这种情况？最大的可能性有两个：一是丈夫怕在妻子面前承认自己的失败；二是妻子根本就不懂得如何倾听。但无论是哪种原因，都是夫妻间的信任不够强烈。

杰克先生匆匆忙忙地回到家里，顾不上喘气，兴奋地嚷道："亲爱的梅梅，你知道吗？今天真是个值得庆祝的日子！董事会把我叫过去，向他们详细汇报有关我做的那份区域报告，他们称赞我的建议非常不错……"

他的妻子却没有表现出高兴的样子，显然想着别的事情："是吗？挺不错。亲爱的，要吃酱猪蹄吗？咱们家的空调好像出了点问题，吃完饭你去检查一下好吗？"

"好的，亲爱的。我终于引起董事会的注意了。说真的，今天在那么多董事会成员面前，我都紧张得有些发抖了，不过情况很好，甚至连老总都很赞赏，他认为……"

他的妻子打断他的话："亲爱的，我觉得他们根本不了解你，也不重视你。今天孩子的老师打电话来，要找你谈一谈，这个孩子最近成绩下降了不少。对于你的宝贝儿子，我已经没有任何办法了。"

杰克先生终于不再说话了，他想他的妻子是不会听的。他现在应该做的就是把酱猪蹄吃下去，然后去修空调，接着给孩子的老师回个电话。可是，他对这一切似乎都没有了兴趣。

我们可以想象，当我们有一肚子的话想要倾诉，兴致勃勃地要说给爱人听的时候，对方却心不在焉，根本无心倾听，我们的心中是什么滋味？每个人都会遇到开心或者不开心的事，都需要向别人倾诉，来缓解和放松自己的心情。善于倾听的妻子，能让丈夫感觉到她对他的爱、理解和尊重，是对他最大的安慰和鼓励。

怎样才能成为丈夫的"好听众"？建议你从以下三个方面进行：

1.全身心地倾听

你要用眼睛、脸孔甚至整个身体去倾听丈夫的话，而不仅仅是耳朵。如果你真正热心地听你丈夫说话，你就会在他说话时看着他，你会稍微向前倾着身子，你脸部的表情也会有反应。

2.问些诱导性的问题

诱导性的问话是任何一个想要成为好听众的人所必备的技巧。如果要聆听丈夫的谈话，并且不直接提出他不想听的劝告，诱导性的问话就是一个不会失败的技巧。

你可以提出这样的问题："亲爱的，你认为做更大的广告可能会增加你的销路，或者将是一种冒险吗？"你提出这种问题并不是真的给他劝告，但却可以得到类似的结果。

3.永远不要泄露秘密

有些男人从来不和他们的妻子讨论事业问题的另一个原因是：这些男人无法相信他们的太太不会把这些事情泄露给她们的朋友或美发师知道。他们讲给自己太太听的每一件事情都会从她们的耳朵进去而又从她们的嘴巴里出来。

"约翰希望在维吉先生退休以后马上得到公司经理的职位。"这是约翰的太太玛丽在桥牌桌上随便说出口的话，可是第二天约翰的竞争对手就知道了，于是约翰就在完全不知情的情况下被暗中排挤掉了。

许多男人都怕自己的妻子多嘴，不分场合地传播对他们工作业务有影响的话题，甚至还有一些女人会利用丈夫的信任，在以后的争论中拿出来打击他们。"你自己亲口告诉过我，你只因为一纸契约而买下那些过量而不必要的剩余物品。而你现在却说我浪费太多钱去买衣服。难道只有我奢侈？"

类似这样的场面多发生几次，这位太太就不会再听到她丈夫向她大谈业务的"骚扰"了。因为她的丈夫发现自己对妻子的倾诉只不过是给了她更多的打倒自己的话柄而已。

作为一个好妻子，并不意味着了解丈夫所有的工作细节和秘密。比如你的丈夫是个绘图员，他不一定要求你了解他是如何画蓝图。但是，每个丈夫都会希望他的妻子对发生在他身上的事情富有同情心，有兴趣，并且提高注意力。

掌握倾听的技巧，将会使女人更加可爱，并且会在他们心中留下更深刻的印象。

妻子的鼓励是男人前进的动力

鼓励对于一个人的成长有着不可替代的作用。而女人的鼓励则是男人前进的动力。

每一个女人都希望她的丈夫能成为她理想中的那个人，要做到这一点，女人需要相当的智慧。要让一个男人变得优秀，你就不要挑剔他，不要拿他与隔壁的某某人相比，也不要设法给他巨大的压力，而应该温柔地鼓励他。

没有男人不喜欢女人的鼓励，尤其是出自对他们至关重要的妻子口中。当他们听到"你真了不起，我很以你为荣，我真高兴你是我的"这种话的时候，每个男人都会高兴得跳起来。

许多成功的男人都可以证明这种说法的真实性。例如，拥有派克斯货运和装备公司的派克斯先生就有这种体会。

"我确信，"派克斯先生说道，"一个男人不但可以成为他理想中的人，而且也可以成为他太太所期望的人。多年来，我曾雇用了许多员工，但是在我和他们的太太谈过话之前，我是不会把一个需要信任或有重大责任的职位交给他们。因为一个妻子的人生观以及她对先生信任的程度，可以决定一个男人在事业上的成败。我之所以这么说，是因为我自己就有这种经验。"

"我太太在嫁给我以前十分富有——富有的双亲，受过良好的教育，有一个快乐的家。我却是个穷小子，只受过很少的教育。除了有想闯天下的欲望以及她对我的爱与信心之外，我什么东西也没有。

"在我们婚后最初的几年里，日子过得十分艰苦。每当我面对失败与挫折而灰心丧气时，她的了解和不断的激励是我继续努力的唯一动力。

"在我的生命中，如果有了什么成功，全是由我太太不断地鼓励带来的。就算在我最无助潦倒时，她也没有离开我。每天早晨我离开家时，她从不会忘了对我说：'鲍伯，我相信你今天一定会过得很好。别忘了我爱你。'当我回家时，她也总是耐心地倾听我一天的工作情况。为此，我曾发誓永远不会让她失望。到目前为止，我做得还不错。我会继续努力达成她的希望的。"

鼓励带给男人进步。使男人进步的方法并不是要求他，而是鼓励他，指出他们最能够施展出来的才华。

如果他需要建立信心，你可以指出他做过的有勇气的事情。"你还记得那一次，你告诉领导如何减少你部门里的浪费的事吗？那实在是需要很大的勇气。但是你做到了，真了不起啊！"即使是最怯懦的男人，听到了心爱女人的鼓励，他也会敞开胸怀去努力的，甚至更进一步，他还会觉得也许自己能做得更好，从而表现得更勇敢。

一个好妻子永远不会对她的丈夫说："你真没用！"尤其是在他失败时。如果你的丈夫真的失败了，他的领导和其他人将会毫不迟疑地向他指出这一点。这时你要做的不是在他心中再撒一把盐，而是在早餐时，在床上，或在家里的任何一个地方告诉他："你是可以成功的。"不要怀疑你对丈夫的影响力，你所说的每句话都会使你的丈夫改变，让他变得更好或更坏。所以，你对你说出的话要进行选择，只有那些明智的、鼓励性话语，才能改变一个男人的消极态度，使他变得更好、更新。

汤姆·强斯顿就因为有位好妻子，从而改变了对生命的认识。汤姆·强斯顿曾在战争中受了伤，他的一条腿有点残疾，并且疤痕累累。幸运的是，他仍然能够享受他最喜爱的运动——游泳。

在他出院后不久，有个星期日，汤姆和他的太太在汉景顿海滩度假。做过简单的冲浪运动以后，汤姆就在沙滩上享受起日光浴了。然而，不久他发现，其他人都在注视着他的腿。在此以前汤姆从未在意过这条受伤的腿，但现在他知道这条腿太惹眼了。

第二个星期日，汤姆的太太提议再到海滩去度假。但是汤姆拒绝了，说他宁愿留在家里休息也不想去海滩玩。他太太注意到了他的变化。"我知道你为什么不想去海边，汤姆，"她说，"你开始对你腿上的疤痕产生自卑感了。"

汤姆承认了他太太的话，以为他的太太会因此而指责他，然而他太太却说了些让他永远不会忘记的话。她说："汤姆，你腿上的那些疤痕是你勇气的徽章，你光荣地赢得了这些疤痕。不要想办法把它们藏起来，你要记住你是怎样得到它们的，并且要骄傲地带着它们。现在走吧——我们一起去游泳。"

汤姆·强斯顿去了，他的太太已经除掉了他心中的阴影，甚至给他带来了更好的开始。

后记

拥有漂亮的脸蛋，优美丰满曲线的女人，自以为外表的美足以代表一切，足以征服一切。殊不知，女人来这世间走一遭，怎能让自己美得如此狭隘？

女人如花，骨子里却要做一棵树。

作为一个女人，如果你天生具有姣好的容貌、婀娜的身材，那是上帝对你的奖赏。人体美是自然美的极致，这种天然的形、容之美让人赏心悦目，可能会为你的生存带来许多便利。然而这种美是稀少的、短暂的，它总是与青春为伴，时间是它最大的敌人。当年华老去，青春不再，这种外在之美的光焰便会逐渐黯淡以至熄灭。

还有一种美，不会因时间的流逝而消亡，那就是一个人内在的文化底蕴之美，是一种从骨子里透出来的掩不住的光芒。内在之美是一种成熟的美，靠后天逐渐修炼而成，它不像外在美那样非常直观，却历久弥深。

青春是美丽的，成熟也是美丽的，不管我们处在哪一个生命的阶段，只有我们不放弃对美的追求，我们就都可以一直美下去。

谨以此书献给每一个内心强大的女子！

祝你幸福、快乐、平安！